农村劳动力培训阳光工程系列教材

沼气管理工

丛书主编　朱启酒　程晓仙

本册主编　吕亚州

科学普及出版社

·北　京·

图书在版编目（CIP）数据

沼气管理工/吕亚州主编. —北京：科学普及出版社，2012.4

农村劳动力培训阳光工程系列教材/朱启酒，程晓仙主编

ISBN978-7-110-07712-2

Ⅰ.①沼…　Ⅱ.①吕…　Ⅲ.①农村—沼气工程—技术培训—教材　Ⅳ.①S216.4

中国版本图书馆 CIP 数据核字（2012）第 070382 号

策划编辑	吕建华　许　英
责任编辑	史若晗
责任校对	孟华英
责任印制	张建农
版式设计	鑫联必升

出　　版	科学普及出版社
发　　行	科学普及出版社发行部
地　　址	北京市海淀区中关村南大街 16 号
邮　　编	100081
发行电话	010-62173865
传　　真	010-62179148
网　　址	http://www.cspbooks.com.cn

开　　本	787mm×1092mm　1/16
字　　数	220 千字
印　　张	10.25
版　　次	2012 年 4 月第 1 版
印　　次	2012 年 4 月第 1 次印刷
印　　刷	三河市国新印装有限公司

| 书　　号 | ISBN 978-7-110-07712-2/S·505 |
| 定　　价 | 30.50 元 |

序

  为了培养一支结构合理、数量充足、素质优良的现代农业劳动者队伍，强化现代农业发展和新农村建设的人才支撑，根据农业部关于阳光工程培训工作要求，北京市农业局紧紧围绕农业发展方式转变和新农村建设的需要，认真贯彻落实中央有关文件精神，从新型职业农民培养和"三农"发展实际出发，制定了详细的实施方案，面向农业产前、产中和产后服务和农村社会管理领域的从业人员，开展动物防疫员、动物繁殖员、畜禽养殖员、植保员、蔬菜园艺工、水产养殖员、生物质气工、沼气工、沼气管理工、太阳能工、农机操作和维修工等工种的专业技能培训工作。为使培训工作有章可循，北京市农业局、北京市农民科技教育培训中心聘请有关专家编制了专业培训教材，并根据培训内容，编写出一套体例规范、内容系统、表述通俗、适宜农民需求的阳光工程培训系列教材，作为北京市农村劳动力阳光工程培训指定教材。

  这套系列教材的出版发行，必将推动农村劳动力培训工作的规范化进程，对提高阳光工程培训质量具有重要的现实意义。由于时间紧、任务重，成书仓促，难免存在问题和不妥之处，希望广大读者批评指正。

编委会

2012 年 3 月

前　言

根据农业部关于农村劳动力培训阳光工程工作的指导意见和北京市农村劳动力培训阳光工程项目实施方案要求，为了更好地贯彻落实中央有关文件精神，加大新型职业农民培养力度，进一步做好阳光工程沼气管理工培训工程，特组织专业技术人员编写本教材。

本教材共分五章。第一章为基础知识，在职业道德和相关法律法规条款宣讲的基础上，主要介绍农村沼气发酵和沼气设备基础知识以及沼气安全常识等；第二章从原料预处理和日常管护及故障维修，针对发酵装置运行维护进行培训；第三章分别讲解了输配系统、储气装置、净化装置以及使用装置的运行维护知识；第四章主要就检测设备、加热设备、搅拌装备、进出料装备和后处理装备等配套装备运行维护进行讲解；第五章介绍了沼液、沼渣在种养业等农业生产中的综合利用与培训管理知识。

沼气管理工作为就业准入职业之一，要求劳动者必须经过相应培训，取得职业资格证书后持证上岗。本书作为阳光工程培训教材，主要面向从事或准备从事农村沼气运行管理、维修维护、技术指导及生产经营管理等工作的人员。通过理论培训与实际操作，使从事农村沼气管护工作的人员熟悉沼气发酵、建筑工艺和材料等基本知识，具备一定的识图能力，掌握农村沼气建设施工、设备安装、质量检验、启动调试、维修维护和综合利用等职业技能，提升沼气管理工的整体素质，保障农村沼气的建设质量和效益发挥，推动农村剩余劳动力的转移就业和农民增收。

由于作者水平有限，书中的疏漏和不足之处，敬请广大读者提出宝贵意见，使之不断完善。

编　者
2012 年 2 月

目 录

第一章 基础知识

第一节 沼气管理工职业道德

沼气管理工是从事农村户用沼气池、生活污水净化沼气池和大中型沼气工程的施工、设备安装、调试、工程运行、维修及进行沼气生产经营管理的人员。他们直接面向广大农民和沼气生产第一线，除了应具备系统的沼气生产理论知识和操作技能外，还应树立为人民服务的正确思想，具备应有的职业道德和法律意识。

一、职业道德基础知识

（一）道德的定义

道德是一定社会、一定阶级向人们提出的处理人和人之间、个人和社会之间、个人和自然之间各种关系的一种特殊的行为规范，如文明礼貌、助人为乐、爱护公物、尊老爱幼、男女平等、勤俭节约、和善友好、不讲脏话、先人后己、舍己救人、维护正义、反对邪恶、保家卫国、爱护环境等就是日常生活中道德的具体体现。道德通俗地讲，就是什么可以做和什么不可以做以及应该怎样做的问题，如邻居之间遇到困难应该相互帮助；教育子女不应该打骂；上街购物应该自觉排队；应该依次上车，不应该拥挤和加塞儿等。

做人要讲道德，做事要讲公德。人的一生在每一个阶段都有基本的道德要求，如小孩讲的是诚实，成人讲的是做人，只有先做好了人，才能做好了事。古今中外历史上出现的许多伟人都非常重视做人，如大家熟知的雷锋就是非常典型的例子，他的事迹被广泛流传，成为公众道德标准的一面镜子。

中国向来就有"礼仪之邦"之称,几千年的中华民族的传统美德源远流长,道德思想博大精深;在社会进步和经济建设中也始终没有放松道德建设,没有放低道德建设的标准,有关道德方面的要求也更加规范,形成的道德体系也起了重要的作用与功能,道德已成为治理国家和促进经济发展的重要力量,是社会精神文明发展程度的重要标志。

(二)职业道德的含义

所谓职业道德就是适应各种职业的要求而必然产生的道德规范,是从事一定职业的人在履行本职工作中所应遵守的行为规范和准则的总和。职业道德从内容上讲包括职业观念、职业情感、职业理想、职业态度、职业技能、职业纪律、职业良心和职业作风等,职业道德是道德体系的重要组成部分,它是职业人员从事职业活动过程中形成的一种内在的、非强制性的职业约束规则,是从业人员应该自觉遵守的道德准则,也是职业人员做好职业工作及能够长久从事职业的基础。规范和良好的职业道德可以促进职业行业的良性和健康发展,有利于形成职业员工之间诚信服务和公平竞争市场,从根本上保证职业人员的共同利益,提高行业整体从业水平与服务水平。

职业是谋生的手段,职业活动中总是离不开职业道德问题,在经济越发达的社会,职业道德与个人利益、企业发展息息相关。一个职业道德高尚的人,才能在事业中取得成功,一个职业道德品质崇尚的企业,才能是一个发展前途远大的企业。海尔集团总裁张瑞敏曾经说过,铸造企业文化精神,提高职工的职业道德是企业发展的出路,他非常重视对职工的职业道德教育,赢得了巨大的社会声誉,树立了良好的企业形象,使海尔成为享誉海内外的著名品牌。如海尔集团的一名员工在 38 度高烧的情况下,背着 75 千克重的洗衣机行程 3 小时送到用户家里的事情,不仅表现了海尔员工的职业道德精神,而且体现了海尔企业对职业道德的深刻理解。因此,不管做人,还是做事,都离不开职业道德的支撑。

二、沼气管理工职业道德

沼气管理工除了具备与沼气相关的技术与技能外,还要遵循基本的道德规范。随着物质文明和精神文明建设的深入发展,对农村职业行业的服务要求标准也在不断提高,加之沼气能够有效地协调与统一农村的经济效益、社会效益和生态效益,对带动农村全面发展具有非常重要的作用。因此,一个合格的沼气管理工应该成为一个重岗位责任、讲职业道德、遵守职业规范、掌握职业技能、树立行业新风的德才兼备的农村能源建设队伍中的一员。沼气管理工的职业道德包括以下几方面:

(一)文明礼貌

文明礼貌是人类社会进步的产物,是从业人员的基本素质,是职业道德的重要规范,也是人类社会进步的重要标志,大体包括思想、品德、情操和修养等方面。

沼气管理工要做精神文明的先导者，在农村社会主义精神文明建设中起模范带头作用，自觉做有理想、有道德、有文化、守纪律的先进工作者。文明沼气管理工的基本要求是：

（1）热爱祖国，热爱社会主义，热爱共产党，努力提高政治思想水平。

（2）遵守国家法律。

（3）维护社会公德，履行职业道德。

（4）关心同志，尊师爱徒。

（5）努力学习，提高政治、文化、科技、业务水平。

（6）热爱工作，业务上精益求精，学赶先进。

（7）语言文雅、行为端正、技术熟练。

（8）尊重民风民俗习惯，反对封建迷信。

沼气管理工的文明礼貌在职业用语中的要求：

语感自然，语气亲切，语调柔和，语速适中，语言简练，语意明确，语言上要选择尊称敬语，如"同志"、"先生"、"您"、"请"、"对不起"、"请谅解"、"请原谅"、"谢谢"、"再见"等；切忌使用"禁语"，如"嘿"、"老头儿"、"交钱儿"、"我解决不了，愿意找谁找谁去"、"怎么不提前准备好"、"后边等着去"、"现在才来，早干吗来着"等。

沼气管理工在举止上要求首先是服务态度恭敬，对待农户态度和蔼，有问必答，不能顶撞，不能随意挑剔农户的缺点与不足。其次是在服务过程中，要热情，要微笑进门，微笑工作，微笑再见。最后是服务要有条不紊，不慌不忙，不急不躁，按部就班，遇见问题要镇静，果断处理。

（二）爱岗敬业

爱岗敬业是社会大力提倡的职业道德行为准则，也是每个从业者应当遵守的共同的职业道德。爱岗就是热爱本职工作，敬业就是用一种恭敬严肃的态度对待自己的工作。农业职业的沼气管理工要提倡"干一行，爱一行，专一行"，只有这样才能有力地推动沼气在农村的使用与推广。

爱岗敬业的重点是强化职业责任，职业责任是任何职业的核心，它是构成职业的基础，往往通过行政的甚至是法律的方式加以确定和维护，同时也是行业职工从业是否称职、能否胜任工作的尺度。对于沼气管理工来讲，保证沼气池施工质量、安全用气及沼气池正常维护与管理等就是职业责任。近几年来，推广部门采取"三包"政策（包技术、包质量、包农户）形式管理沼气管理工，有效地保证了建池质量，大大减少和降低了废池发生率，因此加强农村沼气管理工的职业责任意识，是保证农村沼气工程建设队伍健康发展的基础。

沼气管理工的爱岗敬业要与职业道德、职业责任、职业技能和职业培训等密切结合起来，同时还要与职工的物质利益直接联系起来，甚至与政策、法律联系起来，推崇奉献精神，鼓励沼气管理工做好自己的本职工作。

（三）诚实守信

诚实守信是为人之本，从业之要。一个讲诚信的人，才能赢得别人的尊重和友善；一个讲诚信的人，才能在自己的行业中取得别人的信任，才能在行业中有所发展，才能永久立于行业之中。

诚实守信，首先是诚实劳动，其次是遵守合同与契约。诚实劳动是谋生的手段，劳动者参与劳动，在一定意义上是为换取与自己劳动相当的报酬，以满足养家或者改善生活。与诚实劳动相对的不诚实劳动现象，如出工不出力、以次充好、专营假冒伪劣产品等在各种行业中都不同程度地存在，它是危害行业的蛀虫，如在沼气生产中曾出现为赶工程进度和施工数量致使沼气池无法使用，而不得不放弃的现象，极大地伤害了农户的利益与积极性，对这种现象应采取严厉的制裁手段。劳动合同与契约是对劳资双方的保障机制和约束机制，是双方都享受一定的权利，也承担一定的义务，任何一方都不得无故撕毁劳动合同。沼气管理工在从业过程中，与用工单位或农户应该有口头或者书面协议，作为劳动合同与契约，既是沼气管理工的"护身符"，同时又是监督沼气管理工尽职尽责，保证施工单位或农户利益的有效机制，以保证双方免受经济损失。

诚实劳动十分重要。其一，它是衡量劳动者素质高低的基本尺度；其二，它是劳动者人生态度、人生价值和人生理想的外在反映；其三，它直接涉及劳动者的人生追求和价值的实现。沼气管理工行业要求从业人员要尽心尽力、尽职尽责、踏踏实实地完成本职工作，自觉做一个诚实的劳动者，对个人和国家都有好处。

（四）团结互助

团结互助是指为了实现共同利益与目标，互相帮助，互相支持，团结协作，共同发展，同一行业的从业人员应该顾全大局，友爱亲善，真诚相待，平等尊重，搞好同事之间、部门之间的团结协作，以实现共同发展。良好的团结互助还能激发职工的热情与积极性，而缺少团结精神，相互扯皮，甚至相互拆台，影响从业人员的情绪，导致纪律松散，人心涣散，最终一事无成，中国古语所讲"天时不如地利，地利不如人和"就是这个道理。

沼气生产从业人员要讲团结互助精神。第一，同事之间要相互尊重。在建设大中型沼气工程，或集中在项目村或乡上建造户用沼气池中，要求融洽相处，不论资历深浅、能力高低、贡献大小，在人格上都是平等的，都应一视同仁，互相爱护；在施工过程中，要相互切磋，求同存异，尊重他人意见，决不可自以为是，固执己见。第二，师徒之间要相互尊重。师傅要关心、爱护、平等相待徒弟，传授技艺毫无保留，循循善诱，严格要求；徒弟要尊敬、爱护师傅，要礼貌待人，虚心学习技艺，提高水平，正确对待师傅的批评指教，自觉克服缺点与不足，还要主动多干重活、累活，帮助师傅多干些辅助性工作，即使学成之后，仍要保持师徒情谊，相互学习，共同提携后人。第三，要尊重农户。农户是沼气管理工服务的主体，是沼气管理工生存与发展的基础，因此应该尊重农户。首先要对农户一视同仁，不论男女老幼，贫贱富贵都应真诚相待，热情服务；其次应运用文明礼貌体态语言，不讲粗话，风凉话，使工作周到细致，恰如其分。

（五）勤劳节俭

勤劳节俭是中华民族的传统美德。古人云"一生之计在于勤"，道出勤能生存，勤能致富，勤能发展的道理；节俭是中华民族的光荣传统，民间流传的民谚："惜衣常暖，惜食常饱"；"家有粮米万石，也怕泼米撒面"，道出了节俭的重要性。勤劳与节俭之所以能够自古至今，传扬不衰，就在于无论对修身、持家，还是治国都有重要的意义。

沼气管理工应该以勤为本，应该勤于动脑，勤于学习，勤于实践，这样才能精益求精，只有这样才能多建池，建好池，才能造福于农户与农村经济；同时要勤于劳动，不怕吃苦，才能有所收获，才能致富，切忌游手好闲，贪图安逸。沼气管理工同时应该以节俭为怀，我国农村经济还不发达，许多农户相对贫困，因此，在沼气池规划及施工中不要浪费材料，以降低和减轻农户的负担，同时培养自身节俭持家的习惯。

（六）遵纪守法

遵纪守法是指每个从业人员都要遵守纪律，遵守国家和相关行业的法规。从业人员遵纪守法，是职业活动正常进行的基本保证，直接关系到个人的前途，关系到社会精神文明的进步。因此，遵纪守法是职业道德的重要规范，是对职业人员的基本要求。法与规，对于社会和职业就像规矩之与方圆，没有规矩则不成方圆。

沼气管理工遵纪守法，首先，必须认真学习法律知识，树立法制观念，并且了解、明确与自己所从事的职业相关的职业纪律、岗位规范和法律规范，如《中华人民共和国劳动法》、《中华人民共和国环境保护法》、《中华人民共和国节约能源法》、《中华人民共和国合同法》、《中华人民共和国民法》等，只有懂法，才能守法；只有懂法，才会正确处理和解决职业活动中遇到的问题。其次，要依法做文明公民。懂法重要，守法更重要，只有严格守法，才能实现"法律面前人人平等"，如果谁都懂法，但谁都不守法，即使有再好的法律，也等于一纸空文，起不到丝毫的作用。第三，要以法护法，维护自身的正当权益。在从事沼气管理工职业活动中如发生侵权现象，要正确使用法律武器，以维护自己的合法权益，切忌使用武力、暴力等带有黑社会性质的行为，不但不能达到目的，反而会受到法律的严惩。

沼气管理工在从业过程中，还要遵守行业规范，不要投机取巧，避免不良后果，甚至灾难的发生。沼气管理工在沼气池施工及管理过程有一系列的具体要求，如建筑施工规范、气密闭性检验、输配管路安装规范、发酵工艺规范等，要求规范化执行与操作，方能保证安全生产，保障人身和财产的安全，避免不必要的经济损失。

三、沼气管理工职业道德修养

（一）职业道德修养的含义

所谓职业道德修养就是指从事各种职业活动的人员，按照职业道德的基本原则和规范，在职业活动中所进行的自我教育、自我锻炼、自我改造和自我完善，使自己形成良好的职业道德品质和达到一定的职业道德境界。职业道德修养是从业的基本，是沼气管理工建立长久诚信的根本。沼气管理工要加强职业道德修养，树立为国家、为农户服务的责任感，热爱本职工作，并为之奉献。

（二）道德修养的途径

1. 确立正确的人生观是职业道德修养的前提

树立正确的人生观，才会有强烈的社会责任感，才能在从事职业活动中形成自觉的职业道德修养，形成良好的职业道德品质，那种只注重金钱，贪图享受，是错误和落后的人生观。

2. 职业道德修养要从培养自己良好的行为习惯着手

古人云"千里之行，始于足下"，"勿以恶小而为之，勿以善小而不为"，说明良好的习惯要从我做起，从现在做起，从小事做起。只有这样，才能培养社会责任感和奉献精神，生活中不注重"小节"，往往就会失"大节"。

3. 学习先进人物的优秀品质

社会各个行业都有许多值得自己学习的优秀人物，他们为社会和祖国做出了贡献，激励着后人奋发向上。向先进人物学习，一是要学习他们强烈的社会责任感；二是要学习他们的优秀品质，学习他们的先进思想；三是要学习他们严于律己，宽以待人，关心他人，以国家和集体利益为重的无私精神。

（三）职业守则

沼气管理工面向农村户用沼气池、生活污水净化沼气池和大中型沼气工程的施工、设备安装调试、工程运行、维修及进行沼气生产经营管理第一线，在职业活动中，要遵守以下职业守则：

（1）遵纪守法，做文明从业的职工。

（2）爱岗敬业，保持强烈的职业责任感。

（3）诚实守信，尽职尽责。

（4）团结协作，精于业务，提高从业综合素质。

（5）勤劳节俭，乐于吃苦，甘于奉献。

（6）加强安全施工意识，严格执行操作规程。

第二节 相关法律法规常识

在沼气管理工职业活动中，要学习和了解相关法律法规知识。按照法律，规范和约束自己的行为，按照法律，维护自己的切身利益。

一、消费者权益保护法

为保护消费者的合法权益，维护社会经济秩序，促进社会主义市场经济健康发展，1993 年 10 月 31 日第八届全国人民代表大会常务委员会第四次会议通过，1993 年 10 月 31 日中华人民共和国主席令第 11 号公布，1994 年 1 月 1 日起施行《中华人民共和国消费者权益保护法》（以下简称《消费者权益保护法》）。

（一）概述

1. 消费者的概念和特征
消费者是指为了生活消费需要购买、使用商品或者接受服务的个人和单位。
消费者这一概念包含有以下三个基本特征：
（1）消费者主要是指个人，也包括单位。
（2）消费者须有偿获得商品和服务。这是与无偿取得商品，或接受服务相区分的，即该商品和服务具有了有偿性。
（3）消费者消费的内容是生活消费。生活消费是指人们为了满足物质文化生活需要而消耗各种物质产品、精神产品和劳动服务的行为和过程。
2. 消费者权益保护法的概念
消费者权益保护法是调整人们生活消费所发生的社会关系的法律规范的总称。消费者权益保护法调整的范围主要包括两方面：一是消费者为生活消费需要购买、使用商品或者接受服务中产生的社会关系。二是经营者为消费者提供其生产销售的商品或者提供服务中产生的社会关系。这两方面，前者是确定消费者的法律地位及其权利，后者是确定经营者的义务，通过确定权利、义务来规范相互关系。
3. 《消费者权益保护法》的作用
《消费者权益保护法》的宗旨在于：保护消费者的合法权益，维护社会经济秩序，促进社会主义市场经济的健康发展。其作用主要表现在以下几个方面：
（1）有利于消费者运用法律武器同侵害其合法权益的行为作斗争，以维护其利益。消费者权益保护法对消费者的人权、财产安全权、知悉权、选择权、公平交易权等各项权利都作了明确的规定，这就为消费者维护自身的合法权益提供了有力的法律依据。
（2）有利于维护正常的社会经济秩序，促进社会主义市场经济的健康发展市场经营者在法律允许的范围内公平竞争，所提供的商品和服务的质量符合法律规定的标准，符合消费者的消费需求，这样才能促进市场经济的发展，维护社会经济秩序。

（3）有利于安定团结，为社会经济的发展创造良好的社会环境。在社会经济活动中，消费者与经营者之间发生的消费纠纷不仅关系到两者的问题，而且也关系到能否为社会经济的发展创造良好的社会环境。因此，如果不能依法及时、合理地解决纠纷，避免矛盾的激化，就会影响到正常的社会秩序。

4. 《消费者权益保护法》的基本原则

（1）经营者与消费者进行交易，应遵循自愿、平等、公平、诚实信用的原则。自愿是指经营者与消费者之间的交易行为完全是双方意愿表示一致的结果，不存在强买强卖。平等是指当事人之间的法律地位平等，即平等地享有权利，履行义务。公平是指当事人之间的权利、义务与责任，要公平合理。诚实信用，是指交易双方意愿表示要真实，对与交易有关的情况不隐瞒，不作虚假表示，双方的目的、行为出于善意。

（2）国家保护消费者合法权益不受侵害的原则。根据《消费者权益保护法》规定，国家禁止经营者在提供商品和服务时，侵犯消费者的人身权、财产权等其他合法权益。当消费者的人身、人格及财产等权利受到侵害时，国家有关机关应依法追究侵害者的法律责任。

（3）保护消费者的合法权益是全社会的共同责任的原则。

（二）消费者的权利和经营者的义务

1. 消费者的权利

（1）人身、财产安全不受损害的权利。人身、财产安全权是我国宪法赋予每一个公民最基本的权利，是公民人身权、财产所有权的重要组成部分。消费者在购买、使用商品或接受服务时，享有其合法财产不受损害的权利。

（2）知悉商品和服务真实情况的权利。消费者在购买、使用商品和接受服务时，有对商品和服务的名称、质量、价格、用途和使用方法等相关情况进行全面的、充分了解的权利。该项权利是实现其他权利的前提，有着重要的地位。

（3）自主选择商品或服务的权利。选择权是消费者依照国家法律、行政法规，根据自己的消费需求、爱好和情趣，完全自主地选择自己满意的商品和服务的权利。

（4）公平交易的权利。公平交易权是消费者的基本权利之一，它规定消费者在购买商品或者接受服务时，获得质量保障、价格合理、计量正确等公平交易条件，有权拒绝经营者的强制交易。

（5）依法获得赔偿的权利。消费者因购买、使用商品或者接受服务时受到人身、财产损害的，消费者或者使用者可以依法要求商品生产者或经营者、服务提供者承担赔偿责任，并可通过法律规定的方式实现该项权利。

（6）依法成立维护自身合法权益的社会团体的权利。相对于经营者来说，消费者处于弱势地位，当消费者的合法权益受到非法侵害时，往往会心有余而力不足，无法维护自己的权益。依法成立维护自己合法权益的社会团体，就会形成一种社会力量和声势，消费者在自己的团体帮助和支持下，可依法解决问题，而且对经营者的行为也起到了监督作用。

（7）获得有关消费和消费权益保护方面知识的权利。

（8）人格尊严、民族风俗习惯得到尊重的权利。

（9）对商品和服务以及保护消费者权益工作进行监督的权利。即消费者有权检举、控告侵害消费者权益的行为和国家机关及其工作人员在保护消费者权益工作中的违法失职行为，对保护消费者权益工作提出批评、建议。

2. 经营者的义务

经营者的义务，是指经营者在向消费者提供商品和服务时，必须为或不得为一定的行为，根据《消费者权益保护法》规定主要有下列义务：

（1）提供消费者行使权利的便利条件的义务。法律规定，经营者应当听取消费者对其提供的商品或者服务的意见，接受监督。这样才能作为消费者行使权利提供可能的条件。

（2）保证商品和服务符合人身、财产安全的义务。经营者所提供的商品和服务可能危及消费者人身、财产安全时，应当向消费者做出真实的说明和明确的提示，并说明和标明正确使用商品和接受服务的方法以及防止危害发生的方法。

（3）提供商品和服务真实信息的义务。经营者不得利用广告或其他方法对商品和服务作虚假或令人误解的虚假宣传，以通行的方式标明有关真实信息，真实、明确地答复消费者的询问。

（4）出具购货凭证或者服务单据的义务。购货凭证和服务单据是消费者购买商品和接受服务的证明，是经营者负有的法律规定义务。

（5）保证商品和服务质量的义务。

（6）履行国家规定或者与消费者的约定的义务。按照国家规定或与消费者的约定，承担包修、包换、包退或者其他责任。

（7）尊重消费者人格的义务。不得对消费者进行侮辱、诽谤，更不能采取任何手段限制消费者的人身自由。

（三）国家对消费者合法权益的保护及消费者组织

1. 国家对消费者合法权益的保护

（1）国家通过立法保护消费者的合法权益。

（2）国家通过行政手段保护消费者的合法权益。

（3）国家通过司法手段保护消费者的合法权益。

2. 消费者组织

消费者组织是指依法成立的对商品和进行社会监督的保护消费者合法权益的社

会团体。

我国消费者协会的主要职能如下：

（1）向消费者提供消费信息和咨询服务。

（2）参与有关行政部门的商品和服务的监督、检查。

（3）就有关消费者合法权益问题，向有关行政部门反映。

（4）受理消费者的投诉，并对投诉事项进行调查、调解、查询、提出建议。

（4）投诉事项涉及商品和服务质量问题的，可以提请鉴定部门鉴定，鉴定部门应当告知鉴定结论。

（5）就损害消费者合法权益的行为、支持受损害的消费者提起诉讼。

（6）对损害合法权益的行为，通过大众传播媒介予以揭露批评。

（四）消费者权益争议的解决

1. 消费者权益争议解决途径

（1）协商和解消费者权益争议发生后，消费者与经营者之间，在平等自愿、互谅互让的基础上，依照法律、法规的规定和约定，经过协商，对争议事项达成一致。

（2）调解指争议双方在消费者协会的主持下，通过摆事实、讲道理，分清是非，明确责任，在互谅互让的基础上自愿协商，达成协议以解决争议的方式，调解必须遵循自愿、合法的原则。

（3）申诉即向有关行政职能部门申诉，如工商、物价、技术监督等部门。

（4）仲裁根据我国《仲裁法》规定向仲裁委员会申请仲裁，以解决争议。但应注意：必须根据当事人双方达成的仲裁协议，仲裁机构具有民间性质，仲裁裁决是终局裁决。

（5）诉讼即向人民法院提起诉讼，由人民法院依照法定程序对争议案件进行审理仲裁。

2. 损害赔偿人

在消费时，消费者在购买、使用商品接受服务时，如合法权益受到侵害，有权要求损害人赔偿，《消费者权益保护法》规定了以下几种人可以作为损害赔偿人：

（1）销售者，消费者在购买、使用商品时，其合法权益受到损害的，可以向销售者要求赔偿。

（2）服务者，消费者在接受服务时，其合法权益受到侵害的，可以向服务者要求赔偿。

（3）如原企业分立、合并的，可以向变更后承受其权利义务的企业要求赔偿。

（4）使用他人营业执照的违法经营者提供商品或者服务，损害消费者合法权益的，消费者可以向其要求赔偿，也可以向营业执照的持有人要求赔偿。

（5）消费者在展销会租赁柜台购买商品或者接受服务，其合法权益受到损害的，可以向销售者或服务者要求赔偿。展销会结束或者柜台租赁期满后，也可以向展销会的举办者、柜台的出租者要求赔偿。

（6）消费者因经营者利用虚假广告提供商品或者服务，其合法权益受到损害的，可以向经营者要求赔偿。广告经营者发布虚假广告的，消费者可以请求行政主管部门予以惩处。广告的经营者不能提供经营者的真实名称、地址的，应当承担赔偿责任。

（五）违反《消费者权益保护法》的法律责任

对于违反《消费者权益保护法》的行为应承担以下法律责任：

（1）经营者提供商品或者服务有下列情形之一的，除《消费者权益保护法》另有规定外，应当按照《中华人民共和国产品质量法》和其他有关法律、法规的规定，承担民事责任。

① 商品存在缺陷。

② 不具备商品应当具备的作用性能而出售时未作说明的。

③ 不符合在商品或者其包装上注明采用的商品标准的。

④ 实物或样品不符合商品说明书表明的质量状况的。

⑤ 生产国家明令淘汰的商品或销售失效、变质的商品。

⑥ 销售的商品数量不足。

⑦ 服务的内容和费用违反约定。

⑧ 对消费者提出的修理、重做、更换、退货、补足商品数量的要求，故意拖延或者无理拒绝的，应当退还货款和服务费或者赔偿损失。

⑨ 法律、法规规定的其他损害消费者权益的情形。

（2）经营者提供商品或者服务，造成消费者或者其他受害人人身伤害的，应当支付医疗费、治疗期间的护理费、因误工减少的收入等费用；造成残疾的，还应当支付残疾者自助用具费，生活补助费、残疾赔偿金以及由其抚养人所必需的生活费等费用；构成犯罪的，依法追究刑事责任；造成死亡的，应当支付丧葬费、死亡赔偿金以及死者生前抚养的人所必需的生活费等费用，构成犯罪的，依法追究刑事责任。

（3）经营者提供商品或者服务，造成财产损害的，应当按照消费者的要求，修理、重做、更换、退货、补足商品数量、退货款和服务费用或者赔偿损失等方式承担民事责任。消费者与经营者另行约定的，按照约定履行。

（4）经营者提供商品服务有欺诈行为的，应当按照消费者的要求赔偿其受到的损失，赔偿金额为消费者购买商品的价款或接受服务的费用的1倍。

（5）经营者有下列情形之一的，依照《中华人民共和国产品质量法》和其他法律、法规执行，法律、法规未作规定的，由工商行政管理部门责令改正，可以根据情节单处或者并处警告、没收违法所得，处以1万元以下的罚款。情节严重的，责令停业整顿、吊销营业执照。

① 生产、销售的商品不符合保障人身、财产安全要求的。

② 在商品中，掺假，以假充真，以次充好，或者以不合格商品冒充合格商品的。

③ 生产国家明令淘汰的商品者，销售失效、变质的商品的。

④ 伪造商品的产地，伪造或者冒用他人的厂名、厂址、伪造或者冒用认证标志的。

⑤ 销售的商品应当检验、检疫而未检验、检疫或者伪造检验、检疫结果的。

⑥ 对商品或者服务做引人误解的虚假宣传的。

⑦ 对消费者提出的修理、重做、更换、退货、补足商品数量、退还货款和服务费用或者赔偿损失要求，故意拖延或者无理拒绝的。

⑧ 侵害消费者人格尊严或者侵犯消费者人身自由的。

⑨ 法律、法规规定的对损害消费者权益应当予以处罚的其他情形。

（6）以暴力、威胁等方法阻碍有关行政部门工作人员依法执行任务的，依法追究刑事责任；拒绝、阻碍有关行政部门工作人员依法执行任务，未使用暴力、威胁方法的，由公安机关依照《中华人民共和国治安管理处罚条例》的规定处罚。

（7）国家机关人员玩忽职守或者包庇经营者侵害消费者合法权益行为的，由其所在单位或者上级机关给予行政处分。情节严重，构成犯罪的，依法追究刑事责任。

二、劳动法

为了保护劳动者的合法权益，调整劳动关系，建立和维护适应社会主义市场经济的劳动制度，促进经济发展和社会进步，1994 年 7 月 5 日第八届全国人民代表大会常务委员会第八次会议通过，1994 年 7 月 5 日中华人民共和国主席令第 28 号公布，1995 年 1 月 1 日起施行《中华人民共和国劳动法》。

（一）概述

《中华人民共和国劳动法》适用于在中华人民共和国境内的企业、个体经济组织和与之形成劳动关系的劳动者。国家机关、事业组织、社会团体和与之建立劳动合同关系的劳动者，应依照本法执行。

劳动者享有平等就业和选择职业的权利、取得劳动报酬的权利、休息休假的权利、获得劳动安全卫生保护的权利、接受职业技能培训的权利、享受社会保险和福利的权利、提请劳动争议处理的权利以及法律规定的其他劳动权利。

劳动者应当完成劳动任务，提高职业技能，执行劳动安全卫生规程，遵守劳动纪律和职业道德。用人单位应当依法建立和完善规章制度，保障劳动者享有劳动权利和履行劳动义务。

国家采取各种措施，促进劳动就业，发展职业教育，制定劳动标准，调节社会收入，完善社会保险，协调劳动关系，逐步提高劳动者的生活水平。国家提倡劳动者参加社会义务劳动，开展劳动竞赛和合理化建议活动，鼓励和保护劳动者进行科学研究、技术革新和发明创造，表彰和奖励劳动模范和先进工作者。劳动者有权依法参加和组织工会。工会代表和维护劳动者的合法权益，依法独立自主地开展活动。劳动者依照法律规定，通过职工大会、职工代表大会或者其他形式，参与民主管理或者就保护劳动者合法权益与用人单位进行平等协商。国务院劳动行政部门主管全国劳动工作。县级以上地方人民政府劳动行政部门主管本行政区域内的劳动工作。

（二）社会就业

国家通过促进经济和社会发展，创造就业条件，扩大就业机会，鼓励企业、事业组织、社会团体在法律、行政法规规定的范围内兴办产业或者拓展经营，增加就业，支持劳动者自愿组织起来就业和从事个体经营实现就业。地方各级人民政府应当采取措施，发展多种类型的职业介绍机构，提供就业服务。劳动者就业，不因民族、种族、性别、宗教信仰不同而受歧视。在录用职工时，除国家规定的不适合妇女的工种或者岗位外，不得以性别为由拒绝录用妇女或者提高对妇女的录用标准。残疾人、少数民族人员、退役军人就业，法律、法规有特别规定的，从其规定。禁止用人单位招用未满 16 周岁的未成年人。文艺、体育和特种工艺单位招用未满 16 周岁的未成年人，必须依照国家有关规定，履行审批手续，并保障其接受义务教育的权利。

（三）劳动合同和集体合同

（1）劳动合同是劳动者与用人单位确立劳动关系、明确双方权利和义务的协议。建立劳动关系应当订立劳动合同。

（2）订立和变更劳动合同，应当遵循平等自愿、协商一致的原则，不得违反法律、行政法规的规定。劳动合同依法订立即具有法律约束力，当事人必须履行劳动合同规定的义务。

（3）无效劳动合同指违反法律、行政法规的劳动合同或采取欺诈、威胁等手段订立的劳动合同。无效的劳动合同，从订立的时候起，就没有法律约束力。确认劳动合同部分无效的，如果不影响其余部分的效力，其余部分仍然有效。劳动合同的无效，由劳动争议仲裁委员会或者人民法院确认。

（4）劳动合同应当以书面形式订立，主要内容包括：劳动合同期限；工作内容；劳动保护和劳动条件；劳动报酬；劳动纪律；劳动合同终止的条件；违反劳动合同的责任。劳动合同除前款规定的必备条款外，当事人可以协商约定其他内容。

（5）劳动合同的期限分为有固定期限、无固定期限和以完成一定的工作为期限。劳动者在同一用人单位连续工作满 10 年以上，当事人双方同意续延劳动合同的，如果劳动者提出订立无固定期限的劳动合同，应当订立无固定期限的劳动合同。

（6）劳动合同可以约定试用期，试用期最长不得超过 6 个月。

（7）劳动合同当事人可以在劳动合同中约定保守用人单位商业秘密的有关事项。

（8）劳动合同期满或者当事人约定的劳动合同终止条件出现，劳动合同即行终止。

（9）经劳动合同当事人协商一致，劳动合同可以解除。

（10）劳动者有下列情形之一的，用人单位可以解除劳动合同：

① 在试用期间被证明不符合录用条件的。

② 严重违反劳动纪律或者用人单位规章制度的。

③ 严重失职，营私舞弊，对用人单位利益造成重大损害的。

④ 被依法追究刑事责任的。

（11）有下列情形之一的，用人单位可以解除劳动合同，但是应当提前 30 日以书面形式通知劳动者本人：

① 劳动者患病或者非因工负伤，医疗期满后，不能从事原工作也不能从事由用人单位另行安排的工作的。

② 劳动者不能胜任工作，经过培训或者调整工作岗位，仍不能胜任工作的。

③ 劳动合同订立时所依据的客观情况发生重大变化，致使原劳动合同无法履行，经当事人协商不能就变更劳动合同达成协议的。

（12）用人单位濒临破产，进行法定整顿期间或者生产经营状况发生严重困难，确需裁减人员的，应当提前 30 日向工会或者全体职工说明情况，听取工会或者职工的意见，经向劳动行政部门报告后，可以裁减人员。用人单位依据本条规定裁减人员，在 6 个月内录用人员的，应当优先录用被裁减的人员。

（13）解除劳动合同时，应当依照国家有关规定给予经济补偿。

（14）劳动者有下列情形之一的，用人单位不得解除劳动合同：

① 患职业病或者因工负伤并被确认丧失或者部分丧失劳动能力的。

② 患病或者负伤，在规定的医疗期内的。

③ 女职工在孕期、产期、哺乳期内的。

④ 法律、行政法规规定的其他情形。

（15）用人单位解除劳动合同，工会认为不适当的，有权提出意见。如果用人单位违反法律、法规或者劳动合同，工会有权要求重新处理；劳动者申请仲裁或者提起诉讼的，工会应当依法给予支持和帮助。

（16）劳动者解除劳动合同，应当提前 30 日以书面形式通知用人单位。

（17）有下列情形之一的，劳动者可以随时通知用人单位解除劳动合同：

① 在试用期内的。

② 用人单位以暴力、威胁或者非法限制人身自由的手段强迫劳动的。

③ 用人单位未按照劳动合同约定支付劳动报酬或者提供劳动条件的。

（18）企业职工一方与企业可以就劳动报酬、工作时间、休息休假、劳动安全、卫生、保险、福利等事项，签订集体合同。集体合同草案应当提交职工代表大会或者全体职工讨论通过。集体合同由工会代表职工与企业签订；没有建立工会的企业，由职工推举的代表与企业签订。

（19）集体合同签订后应当报送劳动行政部门；劳动行政部门自收到集体合同文本之日起 15 日内未提出异议的，集体合同即行生效。

（20）依法签订的集体合同对企业和企业全体职工具有约束力。职工个人与企业订立的劳动合同中劳动条件和劳动报酬等标准不得低于集体合同的规定。

（四）工作时间和休息休假

（1）国家实行劳动者每日工作时间不超过 8 小时，平均每周工作时间不超过 44 小时的工时制度。

（2）对实行计件工作的劳动者，用人单位应当根据工时制度合理确定其劳动定额和计件报酬标准。

（3）用人单位应当保证劳动者每周至少休息一日。

（4）用人单位在下列节日期间应当依法安排劳动者休假：元旦；春节；国际劳动节；国庆节；法律、法规规定的其他休假节日。

（5）用人单位由于生产经营需要，经与工会和劳动者协商后可以延长工作时间，一般每日不得超过 1 小时；因特殊原因需要延长工作时间的，在保障劳动者身体健康的条件下延长工作时间每日不得超过 3 小时，但是每月不得超过 36 小时。

（6）有下列情形之一的，可以延长工作时间：发生自然灾害、事故或者因其他原因，威胁劳动者生命健康和财产安全，需要紧急处理的；生产设备、交通运输线路、公共设施发生故障，影响生产和公众利益，必须及时抢修的；法律、行政法规规定的其他情形。

（7）有下列情形之一的，用人单位应当按照下列标准支付高于劳动者正常工作时间工资的工资报酬：

① 安排劳动者延长工作时间的，支付不低于日工资的 150% 的工资报酬。

② 休息日安排劳动者工作又不能安排补休的，支付不低于日工资的 200% 的工资报酬。

③ 法定休假日安排劳动者工作的，支付不低于日工资的 300% 的工资报酬。

（五）工资与报酬

（1）工资分配应当遵循按劳分配原则，实行同工同酬。工资水平在经济发展的基础上逐步提高。国家对工资总量实行宏观调控。

（2）用人单位根据本单位的生产经营特点和经济效益，依法自主确定本单位的工资分配方式和工资水平。

（3）国家实行最低工资保障制度。最低工资的具体标准由省、自治区、直辖市人民政府规定，报国务院备案。用人单位支付劳动者的工资不得低于当地最低工资标准。

（4）确定和调整最低工资标准应当综合参考下列因素：

① 劳动者本人及平均赡养人口的最低生活费用。

② 社会平均工资水平。

③ 劳动生产率。

④ 就业状况。

⑤ 地区之间经济发展水平的差异。

（六）劳动安全卫生

（1）用人单位必须建立、健全劳动安全卫生制度，严格执行国家劳动安全卫生规程和标准，对劳动者进行劳动安全卫生教育，防止劳动过程中的事故，减少职业危害。

（2）劳动安全卫生设施必须符合国家规定的标准。

新建、改建、扩建工程的劳动安全卫生设施必须与主体工程同时设计、同时施工、同时投入生产和使用。

（3）用人单位必须为劳动者提供符合国家规定的劳动安全卫生条件和必要的劳动防护用品，对从事有职业危害作业的劳动者应当定期进行健康检查。

（4）从事特种作业的劳动者必须经过专门培训并取得特种作业资格。

（5）劳动者在劳动过程中必须严格遵守安全操作规程。劳动者对用人单位管理人员违章指挥、强令冒险作业，有权拒绝执行；对危害生命安全和身体健康的行为，有权提出批评、检举和控告。

（6）国家建立伤亡事故和职业病统计报告和处理制度。县级以上各级人民政府劳动行政部门、有关部门和用人单位应当依法对劳动者在劳动过程中发生的伤亡事故和劳动者的职业病状况，进行统计、报告和处理。

（七）职业培训

（1）国家通过各种途径，采取各种措施，发展职业培训事业，开发劳动者的职业技能，提高劳动者素质，增强劳动者的就业能力和工作能力。

（2）各级人民政府应当把发展职业培训纳入社会经济发展的规划，鼓励和支持有条件的企业、事业组织、社会团体和个人进行各种形式的职业培训。

（3）用人单位应当建立职业培训制度，按照国家规定提取和使用职业培训经费，根据本单位实际，有计划地对劳动者进行职业培训。从事技术工种的劳动者，上岗前必须经过培训。

（4）国家确定职业分类，对规定的职业制定职业技能标准，实行职业资格证书制度，由经过政府批准的考核鉴定机构负责对劳动者实施职业技能考核鉴定。

（八）劳动争议

（1）用人单位与劳动者发生劳动争议，当事人可以依法申请调解、仲裁、提起诉讼，也可以协商解决，调解原则适用于仲裁和诉讼程序。

（2）解决劳动争议，应当根据合法、公正、及时处理的原则，依法维护劳动争议当事人的合法权益。

（3）劳动争议发生后，当事人可以向本单位劳动争议调解委员会申请调解；调解不成，当事人一方要求仲裁的，可以向劳动争议仲裁委员会申请仲裁。当事人一方也可以直接向劳动争议仲裁委员会申请仲裁。对仲裁裁决不服的，可以向人民法院提起诉讼。

（4）在用人单位内，可以设立劳动争议调解委员会。劳动争议调解委员会由职工代表、用人单位代表和工会代表组成。劳动争议调解委员会主任由工会代表担任。劳动争议经调解达成协议的，当事人应当履行。

（5）劳动争议仲裁委员会由劳动行政部门代表、同级工会代表、用人单位方面的代表组成。劳动争议仲裁委员会主任由劳动行政部门代表担任。

（6）提出仲裁要求的一方应当自劳动争议发生之日起 60 日内向劳动争议仲裁委员会提出书面申请。仲裁裁决一般应在收到仲裁申请的 60 日内做出。对仲裁裁决无异议的，当事人必须履行。

（7）劳动争议当事人对仲裁裁决不服的，可以自收到仲裁裁决书之日起 15 日内向人民法院提起诉讼。一方当事人在法定期限内不起诉又不履行仲裁裁决的，另一方当事人可以申请人民法院强制执行。

（8）因集体合同发生争议，当事人协商解决不成的，当地人民政府劳动行政部门可以组织有关各方协调处理。因履行集体合同发生争议，当事人协商解决不成的，可以向劳动争议仲裁委员会申请仲裁；对仲裁裁决不服的，可以自收到仲裁裁决书之日起 15 日内向人民法院提起诉讼。

（九）监督检查

（1）县级以上各级人民政府劳动行政部门依法对用人单位遵守劳动法律、法规的情况进行监督检查，对违反劳动法律、法规的行为有权制止，并责令改正。

（2）县级以上各级人民政府劳动行政部门监督检查人员执行公务，有权进入用人单位了解执行劳动法律、法规的情况，查阅必要的资料，并对劳动场所进行检查。县级以上各级人民政府劳动行政部门监督检查人员执行公务，必须出示证件，秉公执法并遵守有关规定。

（3）县级以上各级人民政府有关部门在各自职责范围内，对用人单位遵守劳动法律、法规的情况进行监督。

（4）各级工会依法维护劳动者的合法权益，对用人单位遵守劳动法律、法规的情况进行监督。任何组织和个人对于违反劳动法律、法规的行为有权检举和控告。

（十）法律责任

（1）用人单位制定的劳动规章制度违反法律、法规规定的，由劳动行政部门给予警告，责令改正；对劳动者造成损害的，应当承担赔偿责任。

（2）用人单位违反本法规定，延长劳动者工作时间的，由劳动行政部门给予警告，责令改正，并可处以罚款。

（3）用人单位有下列侵害劳动者合法权益情形之一的，由劳动行政部门责令支付劳动者的工资报酬、经济补偿，并可以责令支付赔偿金：

① 克扣或者无故拖欠劳动者工资的。

② 拒不支付劳动者延长工作时间工资报酬的。

③ 低于当地最低工资标准支付劳动者工资的。

④ 解除劳动合同后，未依照本法规定给予劳动者经济补偿的。

（4）用人单位的劳动安全设施和劳动卫生条件不符合国家规定或者未向劳动者提供必要的劳动防护用品和劳动保护设施的，由劳动行政部门或者有关部门责令改正，可以处以罚款；情节严重的，提请县级以上人民政府决定责令停产整顿；对事故隐患不采取措施，致使发生重大事故，造成劳动者生命和财产损失的，对责任人员追究刑事责任。

（5）用人单位强令劳动者违章冒险作业，发生重大伤亡事故，造成严重后果的，对责任人员依法追究刑事责任。

（6）用人单位非法招用未满16周岁的未成年人的，由劳动行政部门责令改正，处以罚款；情节严重的，由工商行政管理部门吊销营业执照。

（7）用人单位违反本法对女职工和未成年工的保护规定，侵害其合法权益的，由劳动行政部门责令改正，处以罚款；对女职工或者未成年工造成损害的，应当承担赔偿责任。

（8）用人单位有下列行为之一，由公安机关对责任人员处以15日以下拘留、罚款或者警告；构成犯罪的，对责任人员依法追究刑事责任：

① 以暴力、威胁或者非法限制人身自由的手段强迫劳动的。

② 侮辱、体罚、殴打、非法搜查和拘禁劳动者的。

（9）用人单位违反本法规定的条件解除劳动合同或者故意拖延不订立劳动合同的，由劳动行政部门责令改正；对劳动者造成损害的，应当承担赔偿责任。

（10）用人单位招用尚未解除劳动合同的劳动者，对原用人单位造成经济损失的，该用人单位应当依法承担连带赔偿责任。

（11）用人单位无理阻挠劳动行政部门、有关部门及其工作人员行使监督检查权，打击报复举报人员的，由劳动行政部门或者有关部门处以罚款；构成犯罪的，对责任人员依法追究刑事责任。

（12）劳动者违反本法规定的条件解除劳动合同或者违反劳动合同中约定的保密事项，对用人单位造成经济损失的，应当依法承担赔偿责任。

（13）劳动行政部门或者有关部门的工作人员滥用职权、玩忽职守、徇私舞弊，构成犯罪的，依法追究刑事责任；不构成犯罪的，给予行政处分。

三、节约能源法

为了推进全社会节约能源，提高能源利用效率和经济效益，保护环境，保障国民经济和社会的发展，满足人民生活需要，1997 年 11 月 1 日第八届全国人民代表大会常务委员会第二十八次会议通过，1998 年 1 月 1 日中华人民共和国主席令第 90 号公布并施行《中华人民共和国节约能源法》。

（一）概述

能源是指煤炭、原油、天然气、电力、焦炭、煤气、热力、成品油、液化石油气、生物质能和其他直接或者通过加工、转换而取得有用能的各种资源；节能是指加强用能管理，采取技术上可行、经济上合理以及环境和社会可以承受的措施，减少从能源生产到消费各个环节中的损失和浪费，更加有效、合理地利用能源。

节能是国家发展经济的一项长远战略方针。国家制定节能政策，编制节能计划，并纳入国民经济和社会发展计划，是为了保障能源的合理利用，并与经济发展、环境保护相协调。

国家鼓励、支持节能科学技术的研究和推广，加强节能宣传和教育，普及节能科学知识，增强全民的节能意识。任何单位和个人都应当履行节能义务，有权检举浪费能源的行为。各级人民政府对在节能或者节能科学技术研究、推广中有显著成绩的单位和个人给予奖励。国务院管理节能工作的部门主管全国的节能监督管理工作，有关部门在各自的职责范围内负责节能监督管理工作。县级以上地方人民政府管理节能工作的部门主管本行政区域内的节能监督管理工作。县级以上地方人民政府有关部门在各自的职责范围内负责节能监督管理工作。

（二）节能管理

（1）国务院和地方各级人民政府应当加强对节能工作的领导，每年部署、协调、监督、检查、推动节能工作。

（2）国务院和省、自治区、直辖市人民政府应当根据能源节约与能源开发并举，把能源节约放在首位的方针，在对能源节约与能源开发进行技术、经济和环境比较论证的基础上，择优选定能源节约、能源开发投资项目，制定能源投资计划。

（3）国务院和省、自治区、直辖市人民政府应当在基本建设、技术改造资金中安排节能资金，用于支持能源的合理利用以及新能源和可再生能源的开发。市、县人民政府根据实际情况安排节能资金，用于支持能源的合理利用以及新能源和可再生能源的开发。

（4）国务院标准化行政主管部门制定有关节能的国家标准。对没有前款规定的国家标准的，国务院有关部门可以依法制定有关节能的行业标准，并报国务院标准化行政主管部门备案。制定有关节能的标准应当做到技术上先进，经济上合理，并不断加以完善和改进。

（5）国务院管理节能工作的部门应当会同国务院有关部门对生产量大面广的用能产品的行业加强监督，督促其采取节能措施，努力提高产品的设计和制造技术，逐步降低本行业的单位产品能耗。

（6）省级以上人民政府管理节能工作的部门，应当会同同级有关部门，对生产过程中耗能较高的产品制订单位产品能耗限额。制订单位产品能耗限额应当科学、合理。

（7）县级以上各级人民政府统计机构应当会同同级有关部门，做好能源消费和利用状况的统计工作，并定期发布公报，公布主要耗能产品的单位产品能耗等状况。

（三）合理使用能源

（1）用能单位应当按照合理使用能源的原则，加强节能管理，制定并组织实施本单位的节能技术措施，降低能耗。用能单位应当开展节能教育，组织有关人员参加节能培训。未经节能教育、培训的人员，不得在耗能设备操作岗位上工作。

（2）用能单位应当加强能源计量管理，健全能源消费统计和能源利用状况分析制度。

（3）用能单位应当建立节能工作责任制，对节能工作取得成绩的集体、个人给予奖励。

（4）生产耗能较高的产品的单位，应当遵守依法制定的单位产品能耗限额。超过单位产品能耗限额用能，情节严重的，限期治理。限期治理由县级以上人民政府管理节能工作的部门按照国务院规定的权限决定。

（5）生产、销售用能产品和用能设备的单位和个人，必须在国务院管理节能工作的部门会同国务院有关部门规定的期限内，停止生产、销售国家明令淘汰的用能产品，停止国家明令淘汰的用能设备，并不得将淘汰的设备转让给他人使用。

（6）生产用能产品的单位和个人，不得使用伪造的节能质量认证标志或者冒用节能质量认证标志。

（7）重点用能单位应当按照国家有关规定定期报送能源利用状况报告。能源利用状况包括能源消费情况、用能效率和节能效益分析、节能措施等内容。

（8）重点用能单位应当设立能源管理岗位，在具有节能专业知识、实际经验以及工程师以上技术职称的人员中聘任能源管理人员，并向县级以上人民政府管理节能工作的部门和有关部门备案。能源管理人员负责对本单位的能源利用状况进行监督、检查。

（9）单位职工和其他城乡居民使用企业生产的电、煤气、天然气、煤等能源应当按照国家规定计量和交费，不得无偿使用或者实行包费制。

（四）节能技术

（1）国家鼓励、支持开发先进节能技术，确定开发先进节能技术的重点和方向，建立和完善节能技术服务体系，培育和规范节能技术市场。

（2）国家组织实施重大节能科研项目、节能示范工程，提出节能推广项目，引导企业事业单位和个人采用先进的节能工艺、技术、设备和材料。国家制定优惠政策，对节能示范工程和节能推广项目给予支持。

（3）国家鼓励引进境外先进的节能技术和设备，禁止引进境外落后的用能技术、设备和材料。

（4）在国务院和省、自治区、直辖市人民政府安排的科学研究资金中应当安排节能资金，用于先进节能技术研究。

（5）县级以上各级人民政府应当组织有关部门根据国家产业政策和节能技术政策，推动符合节能要求的科学、合理地专业化生产。

（6）建筑物的设计和建造应当依照有关法律、行政法规的规定，采用节能型的建筑结构、材料、器具和产品，提高保温隔热性能，减少采暖、制冷、照明的能耗。

（7）各级人民政府应当按照因地制宜、多能互补、综合利用、讲求效益的方针，加强农村能源建设，开发、利用沼气、太阳能、风能、水能、地热等可再生能源和新能源。

（8）国家鼓励发展下列通用节能技术

① 推广热电联产、集中供热，提高热电机组的利用率，发展热能梯级利用技术，热、电、冷联产技术和热、电、煤气三联供技术，提高热能综合利用率。

② 逐步实现电动机、风机、泵类设备和系统的经济运行，发展电机调速节电和电力电子节电技术，开发、生产、推广质优、价廉的节能器材，提高电能利用效率。

③ 发展和推广适合国内煤种的流化床燃烧、无烟燃烧和汽化、液化等洁净煤技术，提高煤炭利用效率。

④ 发展和推广其他在节能工作中证明技术成熟、效益显著的通用节能技术。

（9）各行业应当制定行业节能技术政策，发展、推广节能新技术、新工艺、新设备和新材料，限制或者淘汰能耗高的老旧技术、工艺、设备和材料。

（10）国务院管理节能工作的部门应当会同国务院有关部门规定通用的和分行业的具体的节能技术指标、要求和措施，并根据经济和节能技术的发展情况适时修订，提高能源利用效率，降低能源消耗，使我国能源利用状况逐步赶上国际先进水平。

（五）法律责任

（1）新建国家明令禁止的高耗能工业项目，要由县级以上人民政府管理节能工作部门提出意见，报请同级人民政府，按照国务院规定的权限，责令停止投入生产或者停止使用。

（2）生产高耗能产品的单位，超过单位产品能耗限额用能，情节严重，经限期治理逾期不治理或者没有达到治理要求的，可以由县级以上人民政府管理节能工作的部门提出意见，报请同级人民政府，按照国务院规定的权限，责令停业整顿或者关闭。

（3）生产、销售国家明令淘汰的用能产品的，由县级以上人民政府管理产品质量监督工作的部门责令停止生产、销售该产品，没收违法生产、销售所得，并处违法所得 1 倍以上 5 倍以下的罚款；可以由县级以上人民政府工商行政管理部门吊销营业执照。

（4）使用国家明令淘汰的用能设备的，由县级以上人民政府管理节能工作的部门责令停止使用，没收国家明令淘汰的用能设备；情节严重的，县级以上人民政府管理节能工作的部门可以提出意见，报请同级人民政府按照国务院规定的权限责令停业整顿或者关闭。

（5）将淘汰的用能设备转让他人使用的，由县级以上人民政府管理产品质量监督工作的部门没收违法所得，并处违法所得 1 倍以上 5 倍以下的罚款。

（6）未在产品说明书和产品标识上注明能耗指标的，由县级以上人民政府管理产品质量监督工作的部门责令限期改正，可以处 5 万元以下的罚款。在产品说明书和产品标识上注明的能耗指标不符合产品的实际情况的，除依照前款规定处罚外，依照有关法律的规定承担民事责任。

（7）使用伪造的节能质量认证标志或者冒用节能质量认证标志的，由县级以上人民政府管理产品质量监督工作的部门责令公开改正，没收违法所得，并可处以违法所得 1 倍以上 5 倍以下的罚款。

（8）国家工作人员在节能工作中滥用职权、玩忽职守、徇私舞弊、构成犯罪的，依法追究刑事责任；尚不构成犯罪的，给予行政处分。

四、环境保护法

为保护和改善生活环境与生态环境，防治污染和其他公害，保障人体健康，促进社会主义现代化建设的发展，1989 年 12 月 26 日第七届全国人民代表大会常务委员会第十一次会议通过，1989 年 12 月 26 日中华人民共和国主席令第 22 号公布并施行《中华人民共和国环境保护法》。

（一）概述

环境是指影响人类社会生存和发展的各种天然的和经过人工改造的自然因素总体，包括大气、水、海洋、土地、矿藏、森林、草原、野生动物、自然古迹、人文遗迹、自然保护区、风景名胜区、城市和乡村等。

《中华人民共和国环境保护法》将环境保护纳入国民经济和社会发展计划，采取有利于环境保护的经济、技术政策和措施。并鼓励环境保护科学教育事业的发展，加强环境保护科学技术的研究和开发，提高保护科学技术水平，普及环境保护的科学知识。

一切单位和个人都有保护环境的义务，并有权对污染和破坏环境的单位和个人进行检举和控告。县级以上地方人民政府的环境保护行政主管部门，对本辖区的环境保护工作实施统一管理。县级以上人民政府的土地、矿产、林业、水利行政主管部门，依照有关法律的规定，对资源的保护实施监督管理。对保护和改善环境有显著成绩的单位和个人，由人民政府给予奖励。

（二）环境监督管理

（1）国务院环境保护行政主管部门制定国家环境质量标准。省、自治区、直辖市人民政府对国家环境质量标准中未作规定的项目，应制定地方环境标准，并报国务院环境保护行政主管部门备案。

（2）国务院环境保护行政主管部门根据国家环境质量标准和国家经济、技术条件，制定国家污染物排放标准。省、自治区、直辖市人民政府对国家污染物排放标准中未作规定的项目，可以制定地方污染物排放标准；对国家污染物排放标准中已作规定的项目，可以制定严于国家污染物排放标准。地方污染物排放标准须报国务院环境保护行政主管部门备案。凡是向已有地方污染物排放标准的区域排放污染物的，应当执行地方污染物排放标准。

（3）国务院环境保护行政主管部门建立监测制度，制定监测规范，会同有关部门组织监测网络，加强对环境监测的管理。国务院和省、自治区、直辖市人民政府的环境保护行政主管部门，应当定期发布环境公报。

（4）县级以上人民政府的环境保护行政主管部门，应当会同有关部门对管辖范围内的环境状况进行调查和评价，拟订环境保护计划，经计划部门综合平衡后，报同级人民政府批准实施。

（5）建设对环境有污染的项目，必须遵守国家有关建设项目环境保护管理的规定。建设项目的环境影响报告书，必须对建设项目产生的污染和对环境的影响做出评价，规定防治措施，经项目主管部门预审并依照规定的程序报环境保护行政主管部门批准。环境影响报告书经批准后，计划部门方可批准建设项目设计书。

（6）县级以上人民政府环境保护行政主管部门或者其他依照法律规定行使环境监督管理权的部门，有权对管辖范围内的排污单位进行现场检查。被检查的单位应当如实反映情况，提供必要的资料。检查机关应为被检查机关保守技术秘密和业务秘密。

（7）环境污染和环境破坏的防治工作，由有关地方人民政府协商解决，或者由上级人民政府协调解决，做出决定。

（三）保护和改善环境

（1）地方各级人民政府，应当对本辖区的环境质量负责，采取措施改善环境质量。

（2）各级人民政府对具有代表性的各种类型的自然生态系统区域，珍稀、濒危的野生动物自然分布区域，重要的水源涵养区域，具有重大科学文化价值的地质构造、著名的溶洞和化石分布区，冰川、火山、温泉等自然遗迹以及人文遗迹、古树名木，应当采取措施加以保护，严禁破坏。

（3）在国务院、国务院有关部门和省、自治区、直辖市人民政府规定的风景名胜区、自然保护区和其他需要特别保护的区域内，不得建设污染环境的工业生产设施；建设其他设施，其污染物排放不得超过规定的排放标准。已经建成的设施，其污染物排放超过规定排放标准的，限期治理。

（4）开发利用自然资源，必须采取措施保护生态环境。

（5）各级人民政府应当加强对农业环境的保护，防治土壤污染、土地沙化、盐渍化、贫瘠化、沼泽化、地面沉降和防治植被破坏、水土流失、水源枯竭、种源灭绝以及其他生态失调现象的发生和发展，推广植物病虫害的综合防治，合理利用化肥、农药及植物生长激素。

（6）国务院和沿海地方人民政府应当加强对海洋环境的保护。向海洋排放污染物，倾倒废弃物，进行海岸工程建设和海洋石油勘探开发，必须依照法律的规定，防止对海洋环境的污染损害。

（7）制定城市规划，应当确定保护和改善环境的目标和任务。

（8）城乡建设应当结合当地自然环境的特点，保护植被、水域和自然景观，加强城市园林、绿地和风景名胜区的建设。

（四）防治环境污染

（1）产生环境污染和其他公害的单位，必须把环境保护工作纳入计划，建立环境保护责任制度；采取有效措施，防治在生产建设或者其他活动中产生的废气、废水、废渣、粉尘、恶臭气体、放射性物质以及噪声振动、电磁波辐射等对环境的污染和危害。

（2）新建工业企业和对现有工业企业进行技术改造，应当采用资源利用率高、污染物排放量少的设备和工艺，采用经济合理的废弃物综合利用技术和污染物处理技术。

（3）建设项目中防治污染的措施，必须与主体工程同时设计、同时施工、同时投产使用。防治污染的设施必须经原审批环境影响报告书的环境保护行政主管部门验收合格后，该建设项目方可投入生产或者使用。防治污染的设施不得擅自拆除或者闲置，确有必要拆除或者闲置的，必须征得所在地的环境保护行政主管部门的同意。

（4）排放污染物的企业事业单位，必须依照国务院环境保护行政主管部门的规定申报登记。

（5）排放污染物超过国家或者地方规定的污染物排放标准的企业事业单位，依照国家规定缴纳超标准排污费，并负责治理。《水污染防治法》另有规定的，依照《水污染防治法》的规定执行。征收的超标准排污费必须用于污染的防治，不得挪作他用，具体使用办法由国务院规定。

（6）对造成环境严重污染的企业事业单位，限期治理。中央或省、自治区、直辖市人民政府直接管辖的企业事业单位的限期治理，由省、自治区、直辖市人民政府决定。市、县或者市、县以下人民政府管辖的企业事业单位的限期治理，由市、县人民政府决定。被限期治理的企业事业单位必须如期完成治理任务。

（7）禁止引进不符合我国环境保护规定要求的技术和设备。

（8）因发生事故或者其他突发性事件，造成或者可能造成污染事故的单位，必须立即采取措施处理，及时通报可能受到污染危害的单位和居民，并向当地环境保护行政主管部门和有关部门报告，接受调查处理。可能发生重大污染事故的企业事业单位，应当采取措施，加强防范。

（9）县级以上人民政府环境保护主管部门，在环境受到严重污染，威胁居民生命财产安全时，必须立即向当地人民政府报告，由人民政府采取有效措施，解除或者减轻危害。

（10）生产、储存、运输、销售、使用有毒化学物品和含有放射性物质的物品，必须遵守国家有关规定，防止污染环境。

（11）任何单位不得将产生严重污染的生产设备转移给没有污染防治能力的单位使用。

（五）法律责任

（1）违反本法规定，有下列行为之一的，环境保护行政主管部门或者其他依照法律规定行使环境监督管理权的部门可以根据不同情节，给予警告或者处以罚款。

① 拒绝环境保护行政主管部门或者其他依照法律规定行使环境监督管理权的部门现场检查或者在被检查时弄虚作假的。

② 拒报或者谎报国务院环境保护行政主管部门规定的有关污染物排放申报事项的。

③ 不按国家规定缴纳超标准排污费的。

④ 引进不符合我国环境保护规定要求的技术和设备的。

⑤ 将产生严重污染的生产设备转移给没有污染防治能力的单位使用的。

（2）建设项目的防止污染设施没有建成或者没有达到国家规定的要求，投入生产或者使用的，由批准该建设项目的环境影响报告书的环境保护行政主管部门责令停止生产或者使用，可以并处罚款。

（3）未经环境保护行政主管部门同意，擅自拆除或者闲置防治污染的设施，污染物排放超过规定的排放标准的，由环境保护行政主管部门责令重新安装使用，并处罚款。

（4）对违反本法规定，造成环境污染事故的企业事业单位，由环境保护行政主管部门或者其他依照法律规定行使环境监督管理权的部门根据所造成的危害后果处以罚款；情节严重的，对有关责任人员由其所在单位或者政府主管机关给予行政处分。

（5）对经限期治理逾期未完成治理任务的企业事业单位，除依照国家规定加收超标准排污费外，可以根据所造成的危害后果处以罚款，或者责令停业、关闭。罚款由环境保护行政主管部门决定。责令停业、关闭，由做出限期治理决定的人民政府决定；责令中央直接管辖的企业事业单位停业、关闭，须报国务院批准。

（6）当事人对行政处罚不服的，可以在接到处罚通知之日起 15 日内，对做出处罚决定的机关的上一级机关申请复议；对复议决定不服的，可以在接到复议通知之日起 15 日内，向人民法院起诉。当事人也可以在接到处罚通知之日起 15 日内，直接向人民法院起诉。当事人逾期不申请复议，也不向人民法院起诉，又不履行处罚决定的，由做出处罚决定的机关申请人民法院强制执行。

（7）造成环境污染危害的，有责任排除危害，并对直接受到损害的单位或者个人赔偿损失。赔偿责任和赔偿金额的纠纷，可以根据当事人的请求，由环境保护行政主管部门或者其他依照法律规定行使环境监督管理权的部门处理，当事人对处理决定不服的，可以向人民法院起诉。当事人也可以直接向人民法院起诉。完全由于不可抗拒的自然灾害，并经及时采取合理措施，仍然不能避免造成环境污染损害的，免予承担责任。

（8）因环境污染损害赔偿提起诉讼的时效期间为 3 年，从当事人知道或者应当知道受到污染损害起时计算。

（9）违反规定，造成重大环境污染事故，导致公私财产重大损失或者人身伤亡的严重后果的，对直接责任人员依法追究刑事责任。

（10）违反规定，造成土地、森林、草原、水、矿产、渔业、野生动植物等资源破坏的，依照有关法律的规定承担法律责任。

（11）环境保护监督管理人员滥用职权、玩忽职守、徇私舞弊的，由其所在单位或者上级主管机关给予行政处分；构成犯罪的，依法追究刑事责任。

第三节　材料与建筑基础知识

在以沼气为纽带的生态家园建设中，设计是基础，材料是载体，建造是关键，质量是保证，四者缺一不可。只有了解建造沼气池的材料特性，并熟练掌握建筑施工工艺，才能达到预期目的。

一、建筑材料

在修建沼气池中，建池材料选择和使用得是否恰当，直接关系到建池质量、使用寿命和建池费用等。了解各种建池材料的性能和用法，对修建高质量的沼气池至关重要。

（一）材料种类及其特性

1. 普通黏土砖

普通黏土砖是用黏土经过成型、干燥、焙烧而成，有红砖、青砖和灰砖之分；按生产方式又可分为机制砖和手工砖；按强度划分为 MU5.0、MU7.5、MU10、MU15、MU20 五种级别。

修建沼气池要求用强度为 MU7.5 或 MU10 的砖，其标准尺寸为 240 毫米×115 毫米×53 毫米，容重 1700 千克/立方米，抗压强度 7.35～9.8 兆帕，抗弯强度 1.76～2.25 兆帕。尺寸应整齐，各面应平整，无过大翘曲，建池时，应避免使用欠火砖、酥砖及螺纹砖，以免影响建池质量。

2. 水泥

水泥是一种水硬性的胶凝材料，当其与水混合后，其物理化学性质发生变化；由浆状或可塑状逐渐凝结，进而硬化为具有一定硬度和强度的整体。因此，要正确合理地使用水泥，必须掌握水泥的各种特性和硬化规律。

水泥种类和特性目前我国生产的水泥品种达 30 多种，建池用水泥为普通硅酸盐水泥、矿渣硅酸盐水泥、火山灰质硅酸盐水泥等。

（1）普通硅酸盐水泥就是在水泥熟料中加入 15%的活性材料和 10%填充材料，并加入适量石膏细磨而成。其特性是和匀性好，快硬，早期强度高，抗冻、耐磨、抗渗性较强；缺点是耐酸、碱和硫酸盐类等化学腐蚀及耐水性较差。

（2）矿渣硅酸盐水泥在硅酸盐水泥熟料中掺 20%～35%的高炉矿渣，并加入少量石膏磨细而成。其特性是耐硫酸盐类腐蚀，耐水性强，耐热性好，水化热较低，蒸养强度增长较快，在潮湿环境中后期强度增长较快。缺点是早期强度较低，低温下凝结缓慢，耐冻、耐磨、和匀性差，干缩变形较大，有泌水现象。使用时应加强洒水养护，冬季施工注意保温。

（3）火山灰质硅酸盐水泥在水泥熟料中掺入 20%～25%的火山灰质材料和少量石膏细磨而成。其特性是耐硫酸盐类腐蚀，耐水性强，水化热较低，蒸养强度增长较快，后期强度增长快，和匀性好。缺点是早期强度较低，低温下凝结缓慢，耐冻、耐磨性差，干缩性、吸水性较大。使用时应注意加强洒水养护，冬季施工注意保温。

水泥的化学成分生产水泥的主要原料是：石灰石、黏土、铁矿粉、石膏。经过一定的配料后，混合粉磨，采用干法或湿法在 1400℃ 的高温下煅烧成熟料，而后经细磨加入适量石膏而成。其矿物成分主要有铝酸三钙（$3CaO \cdot Al_2O_3$）、硅酸三钙

（3CaO·SiO$_2$）、硅酸二钙（2CaO·SiO$_2$）、铁铝酸四钙（4CaO·Al$_2$O$_3$·Fe$_2$O$_3$）等四种。

水泥的质量标准建造沼气池，一般采用普通硅酸盐水泥配制混凝土、钢筋混凝土、沙浆等，用于地上、地下和水中结构。普通硅酸盐水泥的品质指标和特性如下：

（1）比重。比重一般为3.05～3.20，通常用3.1。容重松散状态时为900～1100千克/立方米；压实状态为1400～1700千克/立方米，通常采用1300千克/立方米。

（2）细度。水泥的细度是指水泥颗粒的粗细程度，它影响水泥的凝结速度与硬化速度。水泥颗粒越细，凝结硬化越快，早期强度也越高。水泥的细度按国家标准，通过标准筛（4900孔/立方厘米）的筛余量不得超过15%。

（3）凝结时间。为了保证有足够的施工时间，又要施工后尽快地硬化，普通水泥应有合理的凝结时间。水泥凝结时间分为初凝和终凝。初凝是指水泥从加水拌和开始到由可塑性的水泥浆变稠并失去塑性所需的时间，终凝是指水泥从加水开始到凝结完毕所需要的时间。国家标准规定初凝不得早于45分钟，终凝不得迟于12小时。目前，我国生产的水泥初凝时间是1～3小时，终凝时间是5～8小时。

（4）强度。强度是确定水泥标号的指标，也是选用水泥的主要依据。水泥强度的测定方法是用标准试块（40毫米×40毫米×40毫米）在标准条件（20±3℃、湿度>90%）下28天的极限抗压强度。一般水泥强度的发展，3天和7天发展很快，28天的强度接近最大值。

常用的三种水泥强度增长和时间的关系见表1-1，供使用中参考。

表1-1 水泥强度增长与时间的关系

水泥品种	水泥标号	抗压强度（兆帕）			抗拉强度（兆帕）		
		3天	7天	28天	3天	7天	28天
普通硅酸盐水泥	225		12.75	22.06			
	275		15.69	26.97			
	325	11.77	18.63	31.87	2.45	3.63	5.39
	425	15.69	24.52	41.68	3.33	4.51	6.28
	525	20.59	31.38	51.48	4.12	5.30	7.06
	625	26.48	40.21	61.29	4.90	6.08	7.84
矿渣硅酸盐水泥 火山灰硅酸盐水泥	225		10.79	22.06		2.45	4.41
	275		12.75	26.97		2.75	4.90
	325		14.71	31.87		3.24	5.39
	425		20.59	41.68		4.12	6.28
	525		28.44	51.48		4.90	7.06

（5）安定性。安定性是指水泥在硬化过程中体积变化均匀和不产生龟裂的性质。安定性不良的水泥会在后期使已硬化的水泥产生裂缝或完全破坏，影响工程质量。

体积安定性不良的水泥主要是含有过多的游离氧化钙、氧化镁或石膏。一般水泥出炉后 45 天方可使用。

（6）水泥的硬化。水泥加水变成水泥浆后，便发生化学反应和物理作用，并逐渐变硬变成水泥石，这就是水泥的硬化。水泥的硬化可以延续到几个月，甚至几年。水泥在凝固和硬化过程中，要放出一定的热量，潮湿环境对水泥的硬化是有利的，水泥在水中的硬化强度比在空气中的硬化强度要大。因此，在工程上常利用这一性质进行养护，比如加盖稻草垫喷水养护。

（7）需水量。水泥水化时所需水量一般为 24%～30%，为了满足施工需要，通常用水量一般超出水泥水化需水量的 2～3 倍。但必须严格控制水灰比。尤其不能随意加水，过多加水会引起胶凝物质流失，水分蒸发后，在水泥硬化后的块体中会形成空隙，使其强度大为降低。在空气中，水分从水泥块中蒸发出来，引起水泥块收缩变形，并出现纤维状裂缝，使其强度进一步降低。

（8）水泥的保管。水泥在储存中，能与周围空气中的水蒸气和二氧化碳作用，使颗粒表面逐渐水化和碳酸化。因此，在运输时应注意防水、防潮，并储存在干燥、通风的库房中，不能直接接触地面堆放，应在地面上铺放木板和防潮物，堆码高度以 10 袋为宜。水泥的强度随储存时间的增长而逐渐下降，一般正常储存 3 个月，约下降 20%，6 个月下降 30%，1 年下降 40%。建池时，必须购买新鲜水泥，随购随用，不能用结块水泥。

3. 石子

石子是配制混凝土的粗骨料，有碎石、卵石之分。碎石是由天然岩石或卵石经破碎，筛分而得的粒径大于 5 毫米的岩石颗粒，具有不规则的形状，以接近立方体者为好，颗粒有棱角，表面粗糙，与水泥胶结力强，但空隙率较大，所需填充空隙的水泥沙浆较多。碎石的容重为 1400～1500 千克/立方米。建小型沼气池采用细石子，最大粒径不得超过 20 毫米。因为沼气池池壁厚度为 40～50 毫米，石子最大粒径不得超过壁厚的 1/4。碎石要洗干净，不得混入灰土和其他杂质。风化的碎石不宜使用。

卵石又叫砾石，是岩石经过自然风化所形成的散粒状材料。由于产地不同，有山卵石、河卵石与海卵石之分。按其颗粒大小分为：特细石子（5～10 毫米）、细石子（10～20 毫米）、中等石子（20～40 毫米）、粗石子（40～80 毫米）四级。建小型沼气池宜选用细石子。

卵石的容重取决于岩石的种类，坚硬岩石的石子容重为 1400～1600 千克/立方米。中等坚硬石子容重为 1000～1400 千克/立方米。轻质岩石的石子容重低于 1000 千克/立方米。修建沼气池的卵石要干净，含泥量不大于 2%，不含柴草等有机物和塑料等杂物。

4. 沙子

沙子是天然岩石经自然风化，逐渐崩裂形成的，粒径在 5 毫米以下的岩石颗粒称为天然沙。按其来源不同，天然沙分为河沙、海沙、山沙等；按颗粒大小分为粗沙（平均粒径在 0.5 毫米以上）、中沙（平均粒径为 0.35～0.5 毫米）、细沙（平均粒径为 0.25～0.35 毫米）和特细沙（平均粒径在 0.25 毫米以下）四种。

沙子是沙浆中的骨料，混凝土中的细骨料。沙颗粒越细，而填充沙粒间空隙和包裹沙粒表面以薄膜的水泥浆越多，需用较多的水泥。配制混凝土的沙子，一般以采用中沙或粗沙比较适合。特细沙亦可使用，但水泥用量要增加 10% 左右。天然沙具有较好的天然连续级配，其容重一般为 1500～1600 千克/立方米，空隙率一般为 37%～41%。

建造沼气池宜选用中沙，因为中沙颗粒级配好。级配好就是有大有小，大小颗粒搭配得好，咬接得牢，空隙小，既节省水泥，强度又高。沼气池是地下构筑物，要求防水防渗，对沙子的质量要求是质地坚硬、洁净，泥土含量不超过 3%，云母允许含量在 0.5% 以下，不含柴草等有机物和塑料等杂物。

5．钢筋

一般 50 立方米以下的农村户用沼气池可不配置钢筋，但在地基承载力差或土质松紧不匀的地方建池需要配置一定数量的钢筋，同时天窗口顶盖、水压间盖板也需要部分钢筋。

常用的钢筋，按化学成分划分，有碳素钢和普通低合金钢两类。按强度可划分为Ⅰ～Ⅴ级，建池中常用Ⅰ级钢筋。Ⅰ级钢筋又称 3 号钢，直径为 4～40 毫米。其受拉、受压强度约为 240 兆帕。混凝土中使用的钢筋应清除油污、铁锈并矫直后使用。钢筋的弯、折和末端的弯钩应按净空直径不小于钢筋直径 2.5 倍作 180 度的圆弧弯曲。

6．水

拌制混凝土、沙浆以及养护用的水，要用干净、清洁的中性水，不能用酸性或碱性水。

（二）混凝土

建造沼气池的混凝土是以水泥为胶凝材料，石子为粗骨料，沙子为细骨料，和水按适当比例配合、拌制成混合物，经一定的时间硬化而成的人造石材。在混凝土中，沙、石起骨架作用，称为骨料，水泥与水形成水泥浆，包在骨料表面并填充其空隙。硬化前，水泥浆起润滑作用，使混合物具有一定的流动性，便于施工，水泥沙浆硬化后，将骨料胶结成一个结实的整体。

混凝土具有较高的抗压能力，但抗拉能力很弱。因此，通常在混凝土构件的受拉断面设置钢筋，以承受拉力。凡没有加钢筋的混凝土称素混凝土，加有钢筋的混凝土称钢筋混凝土。混凝土除具有抗压强度高、耐久性良好的特点外，其耐磨、耐热、耐侵蚀的性能都比较好，加之新拌和的混凝土具有可塑性，能够随模板制成所需要的各种复杂的形状和断面，所以，农村沼气池和沼气工程大都采用混凝土现浇施工或砖混组合施工。

1．混凝土的组成与分类

混凝土的组成

（1）水泥混凝土强度的产生主要是水泥硬化的结果。水泥标号由要求的混凝土标号来选择，一般应为混凝土标号的 2～3 倍，修建沼气池一般选用 425 号普通硅酸盐水泥。

（2）骨料石子的最大颗粒尺寸不得超过结构截面最小尺寸的 1/4，有钢筋时最大粒径不得大于钢筋间最小净距离的 3/4。对于厚度为 10 厘米和小于 10 厘米混凝土板、沼气池盖，可允许采用一部分最大粒径达 1/2 板厚的骨料，但数量不得超过 25%。沙子用于填充石子之间的空隙，一般宜选用粗沙。粗沙总数面积小，拌制混凝土比用细沙节省水泥。混凝土沙石之间的空隙是由水泥填充的，为了达到节约水泥和提高强度的目的，应尽量减少沙石之间的空隙，这就需要良好的沙石级配。在拌制混凝土时，沙石中应含有较多的粗沙，并以适当的中沙和细沙填充其中的空隙。优良的沙石级配不仅水泥用量少，而且可以提高混凝土的密实性和强度。

（3）水拌制混凝土、沙浆以及养护用水要用饮用的水。不能用含有有机酸和无机酸的地下水和其他废水，因为各种酸类对混凝土都有不同程度的腐蚀作用。

（4）外加剂混凝土的外加剂也称外掺剂或附加剂，它是指除组成混凝土的各种原材料之外，另外加入的材料。目前，在混凝土中使用的外加剂有减水剂、早强剂、防水剂、密实剂等。

减水剂　减水剂是一种有机化合物外加剂，又称水泥分散剂，过去也叫塑化剂。它能明显减少混凝土拌和水，这对降低混凝土水灰比、提高强度和耐久性有很大好处。在混凝土中使用减水剂后，一般可以取得以下效果：

1）在水泥用量不变、坍落度基本一致的情况下，可以减少拌和水 10%～15%，提高混凝土强度 15%～20%。

2）在保持用水量不变的情况下，坍落度可以增大 100～200 毫米。

3）在保持混凝土强度不变的情况下，一般可节约水泥 10%～15%。

4）混凝土抗渗能力大大改善，透水性降低 40%～80%。

常用的减水剂为木质素磺酸钙，也称木钙粉，其减少率为 10%～15%。单独使用时适宜掺入量为水泥用量的 0.25%左右。这种减水剂价格低廉，还可以和早强剂、加气剂等复合使用，效果很好。

早强剂　用以加速混凝土的硬化过程，提高混凝土早期强度的外加剂叫早强剂。常用的早强剂有减水早强复合剂、氯化钙、氯化钠、盐酸、漂白粉等。在素混凝土和沙浆中常用的早强剂是氯化钙和氯化钠。氯化钙的掺用量一般为水泥重量的 1%～2%。掺量过多，混凝土早、后期强度和抗蚀性都有所降低。在 0℃下掺入氯化钙，必须同氯化钠同时使用。氯化钠的掺入量一般为水泥重量的 2%～3%。使用时，氯化钙和氯化钠都须先配成溶液，然后同水混合后倒入混凝土拌和料中。

防水剂　常用的防水剂为三氯化铁，其掺入量为水泥重量的 1%，可以增加混凝土的密实性，提高抗渗性，对水泥具有一定的促凝作用，且可提高强度。

密实剂　常用的密实剂为三乙醇铵，它是一种有机化学品，吸水、无臭、不燃烧、不腐化、呈碱性，能吸收空气中的二氧化碳，对钠、镁、镍不腐蚀，对铜、铝及合金腐蚀较快。单独使用三乙醇铵效果不明显，加食盐、亚硝酸钠后效果显著。三乙醇铵的掺入量为水泥重量的 0.05%，掺入后，可在混凝土内形成胶状悬浮颗粒，以堵塞混凝土内毛细管通路，提高密实性。

混凝土的分类　混凝土的品种很多，它们的性能和用途也各不相同，因此，分类方法也很多，通常按质量密度，分为特重混凝土、重混凝土、轻混凝土、特轻混凝土等。

（1）特重混凝土质量密度>2500 千克/立方米，是用特别密实和重的骨料制成，主要用于原子能工程的屏蔽结构，具有防 x 射线和 Y 射线的性能。

（2）重混凝土质量密度 1900～2500 千克/立方米，是用天然沙石作骨料制成的。主要用于各种承重结构。重混凝土也称为普通混凝土。

（3）轻混凝土质量密度<1900 千克/立方米，其中包括质量密度为 800～1900 千克/立方米的轻骨料混凝土（采用火山淹浮石、多孔凝灰岩、黏土陶粒等轻骨料）和质量密度为 500 千克/立方米以上的多孔混凝土（如泡沫混凝土、加气混凝土等）。主要用于承重和承重隔热结构。

（4）特轻混凝土质量密度在 500 千克/立方米以下，包括多孔混凝土和用特轻骨料（如膨胀珍珠岩、膨胀蛭石、泡沫塑料等）制成的轻骨料混凝土，主要用作保温隔热材料。

2. 影响混凝土性能的主要因素

（1）强度混凝土的强度主要包括抗压、抗拉、抗剪等强度。一般情况下，大都采用混凝土的抗压强度评定混凝土的质量。抗压强度是指试块在标准条件下，养护28 天后，进行抗压试验，将试块压至破坏时所承受的压强。试件抗压强度按下式计算

$$C=P/A\times10^4(帕) \qquad\qquad (3-1)$$

式中　C——试件抗压强度（帕）；

　　　P——试件破坏时的最大负荷（牛）；

　　　A——试件受压面积（平方厘米）。

混凝土抗压强度以强度等级表示，常用的强度等级有：C7.5、C10、C15、C20、C25、C30、C35、CA0、C45、C50、C55、C60 等。基础、地坪常用 C7.5、C10 号混凝土，梁、板、柱和沼气池用 C15 号以上混凝土。混凝土标号与抗压强度对照见表1-2。

表 1-2　混凝土标号与抗压强度关系

混凝土标号	C7.5	C10	C15	C20	C25	C30	C40	C50	C60
抗压强度（兆帕）	7.35	9.81	14.71	19.61	24.52	29.42	39.23	49.03	58.84

混凝土的抗压强度与水泥标号、水灰比、骨料强度及级配、沙石比率及硬化时的温度、湿度、龄期、捣固密实程度均有很大关系。

① 与水泥标号、水灰比的关系水泥标号和水灰比是影响混凝土强度的主要因素，当其他条件相同时，水泥标号越高，则混凝土强度越高；水灰比越大，则混凝土强度越低。

② 与密实程度的关系浇注混凝土时，必须充分捣实，才能得到密实而坚硬的混凝土，同样的混凝土拌和物，用机械振捣比人工振捣的质量高。因此，有条件的地方尽量采用机械振捣。

③ 与养护时间的关系普通混凝土在无外加剂和标准养护条件下，其强度的增长是初期快，后期缓慢。

④ 与养护温湿度的关系水泥硬化时，在水分充足的情况下，温度越高，混凝土强度发展越快；当水分不足，温度高时，混凝土强度发展缓慢，甚至停止。当混凝土的养护温度降低时，强度发展变慢，到 0 度时，硬化不但停止，还可能因结冰膨胀等致使混凝土强度降低或破坏。

混凝土除有抗压强度外，还有抗拉、抗弯、抗剪强度。抗拉强度为抗压强度的 1/20～1/5。混凝土的强度因受材料的质量、配制比例、拌和、浇捣、养护等一系列因素影响，所以其实配强度应比混凝土设计标号高 10%～15%。

（2）和易性和易性是指混凝土混合物能保持混凝土成分的均匀、不发生离析现象，便于施工操作（拌和、浇灌、捣实）的性能。和易性包括流动性（坍落度）、黏聚性和保水性。和易性好的混凝土拌和物，易于搅拌均匀；浇灌时不发生离析、泌水现象；捣实时有一定的流动性，易于充满模板，也易于捣实，使混凝土内部质地均匀致密，强度和耐久性得到保证。和易性是一个综合性指标，它主要包括流动性、黏聚性和保水性三个方面。水泥品种、水泥浆数量和水灰比、粗骨料的性能、沙率和温度以及时间等元素影响混凝土拌和物的和易性。此外，混凝土拌和物的和易性还与外加剂、搅拌时间等因素有关。在施工时通常以测定混凝土自流动性（坍落度）及直观观察来评定其黏聚性和保水性。

（3）水灰比混凝土中用水量与用水泥量之比，称水灰比，用 W/C 表示。水灰比的大小，直接影响混凝土的和易性、强度和密实度。在水泥用量相同的情况下，混凝土的标号随水灰比的增大而降低。水灰比越大，混凝土标号越低，密实度也降低。因为水泥水化时所需的结合水一般只占水泥重量的 25% 左右，但在拌制混凝土时为了获得必要的流动性，加水量一般占水泥重量的 40%～70%。混凝土硬化后，多余的水分就残留在混凝土中形成水泡或蒸发出来形成气孔，影响混凝土的强度和密实度。因此，水灰比越小，水泥与骨料黏结力越大，混凝土强度越高。但水灰比过小时，混凝土过于干硬，无法捣实成型，混凝土中将出现较多蜂窝、孔洞，强度也将降低，耐久性不好。因此，在满足施工和易性的条件下，降低水灰比，可以提高强度和密实度、抗渗性和不透气性。根据水泥、混凝土标号和骨料的不同，按经验常数，其水灰比可参考表1-3。

表1-3　混凝土水灰比参考表

混凝土标号	水泥标号	水灰比（W/C）	
		碎石	卵石
C15	325	0.62~0.65	0.59~0.63
C20	325	0.51~0.53	0.48~0.52
C30	425	0.46~0.49	0.44~0.48
C40	425	0.37~0.41	0.35~0.41

（4）水泥用量。水泥用量多少直接影响混凝土的强度及性能，水泥用量增多，混凝土标号提高。但水泥用量过多，干缩性也增大，混凝土构件易产生收缩裂缝；而水泥用量过少，则影响水泥浆与沙石的黏结，使沙石离析，混凝土不能浇捣密实，也会降低强度。

（5）沙率。沙的重量与沙石总重量之比称为沙率。在混凝土中沙子填充石子的空隙，水泥填充沙子的空隙。沙率过大时表明沙子过多，沙子的总表面积及空隙都会增大；沙率过小，又不能保证粗骨料有足够的沙浆层，会造成离析、流浆现象。因此，沙率有一个最佳值。适合的沙率，就是使水泥、沙子、石子互相填充密实。

3. 混凝土的配合比

混凝土的配合比是指混凝土中各种组成材料的数量比例，用水泥∶石∶沙∶水表示，以水泥为基数1。农村沼气池用钢模整体现浇混凝土工艺建池时，一般采用人工拌制和捣固的方法，在有振动设备的情况下，也采用机械振捣的方法；用砖混组合工艺建池时，一般采用人工拌制和捣固的方法，其混凝土设计标号为C15~C20，建池时，应根据混凝土选材要求，参考下列配料表进行配料：

（1）人工拌制和捣固的普通混凝土配合比见表1-4。

表1-4　人工拌制和捣固的普通混凝土参考配合比

混凝土标号	水泥标号	卵石粒径（厘米）	水灰比	沙率（%）	材料用量（千克/米³）				配合比（重量比）
					水泥	中沙	卵石	水	水泥∶中沙∶卵石∶水
C10	325	0.5~2	0.82	34	220	680	1320	180	1∶3.09∶6.00∶0.82
C15	325	0.5~2	0.68	35	275	678	1260	187	1∶2.46∶4.59∶0.68
C15	425	0.5~2	0.75	35	249	688	1276	187	1∶2.76∶5.12∶0.75
C15	325	0.5~4	0.68	32	250	634	1346	170	1∶2.53∶5.38∶0.68
C15	425	0.5~4	0.75	32	234	637	1354	175	1∶2.72∶5.79∶0.75
C20	325	0.5~2	0.60	32.5	308	620	1287	185	1∶2.01∶4.18∶0.60
C20	425	0.5~2	0.65	34	284	658	1273	185	1∶2.32∶4.48∶0.65
C20	325	0.5~4	0.60	31	284	604	1342	170	1∶2.13∶4.73∶0.60
C20	425	0.5~4	0.67	31.5	255	622	1352	171	1∶2.44∶5.30∶0.67

（2）机械振捣的普通混凝土配合比见表1-5和表1-6。

表1-5　机械振捣的中沙卵石混凝土配合比

混凝土标号	水泥标号	卵石粒径（厘米）	水灰比	沙率（%）	坍落度（厘米）	材料用量（千克/米³）				配合比（重量比）水泥：中沙：卵石：水
						水泥	中沙	卵石	水	
C15	325	0.5~2	0.60	27	0~1	263	548	1481	158	1：2.08：5.63：0.60
C15	425	0.5~2	0.68	29	0~1	237	595	1457	161	1：2.52：6.15：0.68
C15	325	0.5~2	0.60	29	2~4	280	575	1407	168	1：2.05：5.03：0.60
C15	425	0.5~2	0.68	31	2~4	251	622	1386	171	1：2.48：5.52：0.68
C15	325	0.5~2	0.60	31	5~7	290	606	1350	174	1：2.09：4.65：0.60
C15	425	0.5~2	0.68	33	5~7	260	654	1329	177	1：2.52：5.11：0.68
C20	325	0.5~2	0.52	26	0~1	300	518	1476	156	1：1.73：4.92：0.52
C20	425	0.5~2	0.60	27	0~1	263	548	1481	158	1：2.08：5.63：0.60
C20	325	0.5~2	0.52	28	2~4	319	545	1400	166	1：1.71：4.39：0.52
C20	425	0.5~2	0.60	29	2~4	280	575	1407	168	1：2.05：5.03：0.60
C20	325	0.5~2	0.52	30	5~7	331	575	1342	172	1：1.74：4.05：0.52
C20	425	0.5~2	0.60	31	5~7	290	606	1350	174	1：2.09：4.86：0.60

表1-6　机械振捣的中沙碎石混凝土配合比

混凝土标号	水泥标号	碎石粒径（厘米）	水灰比	沙率（%）	坍落度（厘米）	材料用量（千克/米³）				配合比（重量比）水泥：中沙：碎石：水
						水泥	中沙	卵石	水	
C15	325	0.5~2	0.62	30	0~1	282	589	1374	175	1：2.09：4.87：0.62
C15	425	0.5~2	0.70	32	0~1	254	636	1352	178	1：2.50：5.32：0.70
C15	325	0.5~2	0.62	32	2~4	298	613	1304	185	1：2.06：4.38：0.62
C15	425	0.5~2	0.70	34	2~4	269	661	1282	188	1：2.46：4.77：0.70
C15	325	0.5~2	0.62	34	5~7	308	643	1248	191	1：2.09：4.05：0.62
C15	425	0.5~2	0.70	36	5~7	277	691	1228	194	1：2.49：4.43：0.70
C20	325	0.5~2	0.53	29	0~1	326	557	1364	173	1：1.71：4.18：0.53
C20	425	0.5~2	0.61	30	0~1	287	587	1371	175	1：2.05：4.78：0.61
C20	325	0.5~2	0.53	31	2~4	345	580	1292	183	1：1.68：3.75：0.53
C20	425	0.5~2	0.61	32	2~4	303	612	1300	185	1：2.02：4.29：0.61
C20	325	0.5~2	0.53	33	5~7	357	609	1235	189	1：1.71：3.46：0.53
C20	425	0.5~2	0.61	34	5~7	313	641	1245	191	1：2.05：3.98：0.61

（三）沙浆

沙浆是由水泥、沙子加水拌和而成的胶结材料，在砌筑工程中，用来把单个的砖块、石块或砌块组合成墙体，填充砌体空隙并把砌体胶结成一个整体，使之达到一定的强度和密实度。砌筑沙浆不仅可以把墙体上部的外力均匀地传布到下层，还可以阻止块体的滑动。

沙浆的种类

按沙浆组成材料不同，可分为水泥沙浆、混合沙浆和石灰沙浆；按其用途分为砌筑沙浆和抹面沙浆；按性质分为气硬性沙浆和水硬性沙浆。

1. 砌筑沙浆

砌筑沙浆用于砖石砌体，其作用是将单个砖石胶结成为整体，并填充砖石块材间的间隙，使砌体能均匀传递载荷。

（1）材料的选择

① 水泥选用标号高于沙浆标号 4～5 倍的普通水泥，每立方米沙浆的水泥用量最少为 80 千克。

② 沙的最大粒径应小于沙浆厚度的 1/5～1/4，砌筑体使用中沙为宜，粒径不得大于 2.5 毫米。

③ 应选用洗净的沙子和洁净的水拌制沙浆。人工拌和水泥沙浆时，应先将水泥和沙子干拌 3 次，然后加水拌和 3 次，至颜色均匀为止。

（2）配合比砌筑沼气池的沙浆一般采用水泥沙浆，其组成材料的配合比见表 1-7。

表 1-7　砌筑沙浆配合比

种类	沙浆标号	配合比（重量比）	材料用量（千克/米³）	
			325 号水泥	中沙
水泥沙浆	M5.0	1：7.0	180	1260
	M7.5	1：5.6	243	1361
	M10.0	1：4.8	301	1445

2. 抹面沙浆

抹面沙浆用于平整结构表面及其保护结构体，并有密封和防水防渗作用，其配合比一般采用 1：2、1：2.5 和 1：3，水灰比为 0.5～0.55 的水泥沙浆。沼气池抹面沙浆可掺用水玻璃、三氯化铁防水剂（3%）组成防水沙浆。庭院沼气池抹面沙浆配合比见表 1-8。

表 1-8　抹面沙浆配合比

种类	配合比（体积比）	1 米³ 沙浆材料用量		
		325 号水泥（千克）	中沙（千克）	水（米³）
水泥沙浆	1：1.0	812	0.680	0.359
	1：2.0	517	0.866	0.349
	1：2.5	438	0.916	0.347
	1：3.0	379	0.953	0.345
	1：3.5	335	0.981	0.344
	1：4.0	300	1.003	0.343

沙浆的性质

沙浆的性质决定于它的原料、密实程度、配合成分、硬化条件、龄期等。沙浆应具有良好的和易性，硬化后应具有一定的强度和黏结力以及体积变化小且均匀的性质。

1. 流动性

流动性也叫稠度，是指沙浆的稀稠程度，是衡量沙浆在自重或外力作用下流动的性能。实验室中采用如图 1-1 的稠度计来进行测定。实验时，以稠度计的圆锥体沉入沙浆中的深度来表示稠度值。圆锥的重量规定为 300 克，按规定的方法将圆锥沉入沙浆中。

例如，沉入的深度为 8 厘米，则表示该沙浆的稠度值为 8。

沙浆的流动性与沙浆的加水量、水泥用量、石灰膏用量、沙子的颗粒大小和形状、沙子的空隙率以及沙浆搅拌的时间等有关。对流动性的要求，可以因砌体种类、施工时大气温度和湿度等的不同而异。当砖浇水适度而气候干热时，稠度宜采用 8～10；当气候湿冷，或砖浇水过多及遇雨天，稠度宜采用 4～5；如砌筑毛石、块石等吸水率小的材料时，稠度宜采用 5～7。

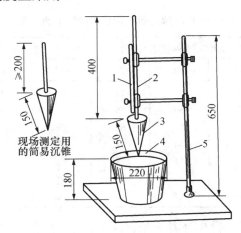

图 1-1　沙浆流动性测定仪

1—标尺；2—滑杆；3—圆锥；4—灰桶；5—台架

2. 保水性

保水性是衡量沙浆拌和后保持水分的能力，也指沙浆中各组成材料不易分离的性质。它是表示沙浆从搅拌机出料后，直至使用到砌体上为止的这一段时间内，沙浆中的水、水泥及骨料之间分离的快慢程度。一般来说，石灰沙浆的保水性比较好，混合沙浆次之，水泥沙浆较差。同一种沙浆，稠度大的容易离析，保水性就差。所以，在沙浆中添加微沫剂是改善保水性的有效措施。

3. 强度

强度是沙浆的主要指标，其数值与砌体的强度有直接的关系，以抗压强度衡量。

沙浆强度是由沙浆试块的强度测定的，试块就是将取样的沙浆浇筑于尺寸为7.07厘米×7.07厘米×7.07厘米的立方体试模中，每组试块为6块，在标准条件下养护28天（养护温度为20±3℃、相对湿度70%）后，将试块送入压力机中试压而得到每块试块的强度，再求出6块试块的平均值，即为该组试块的强度值。例如，某组试块试压后得到的平均允许承受压力为2700牛，以承受压力的面积7.07厘米×7.07厘米=50平方厘米，求得压强为540牛/平方厘米，折合为5.4兆帕，则该组试块的强度等级为M5。常用的沙浆有M1.0、M2.5、M5.0、M7.5、M10号。

　　影响沙浆性质的因素

　　（1）配合比配合比是指沙浆中各种原料的组合比例，应由施工技术人员提供，具体应用时应按规定的配合比严格计量，要求每种材料均经过磅秤才能进入搅拌机。水的加入量主要靠稠度来控制。

　　（2）原材料原材料的各种技术性能是否符合要求，要经试验室鉴定。

　　（3）搅拌时间一般要求沙浆在搅拌机内的搅拌时间不得少于2分钟。

　　（4）养护时间和温度砌到墙体内后要经过一段时间以后才能获得强度。养护时间、温度和沙浆强度的关系见表1-9。

表1-9　用325#、425#普通硅酸盐水泥拌制的沙浆强度增长率

龄期（天）	不同温度下的沙浆强度百分率（以在20℃时养护28天的强度为100%）							
	1℃	5℃	10℃	15℃	20℃	25℃	30℃	35℃
1	4	5	8	11	15	19	23	25
3	18	25	30	36	43	48	54	60
7	38	46	54	62	69	73	78	82
10	46	55	64	71	78	84	88	92
14	50	61	71	78	85	90	94	98
21	55	67	76	85	93	98	102	104
28	59	71	81	92	100	104	—	—

　　（5）养护的湿度在干燥和高温的条件下，除了应充分拌匀沙浆和将砖充分浇水湿润外，还应对砌体适时浇水养护。

（四）密封涂料

　　沼气池结构体建成后，要在水泥沙浆基础密封的前提下，用密封涂料进行表面涂刷，封闭毛细孔，确保沼气池不漏水、不漏气。

　　对密封材料的要求是：密封性能好，耐腐蚀，耐磨损，黏结性好，收缩量小，便于施工，成本低。常用的沼气池密封涂料种类有：

1. 水泥掺和型

　　该类密封涂料采用高分子耐腐蚀树脂材料做成膜物，以水泥作增强剂配成的混合密封涂料。用该密封涂料涂刷沼气池，使全池以"硬质薄膜"包被，填充了水泥

疏松网孔，又利用水泥高强度性能，使薄膜得以保护。用该密封剂制浆涂刷后，具有光亮坚硬、薄膜包被、密封性能高、黏结性强、耐腐蚀、无隔离层、使用简单、节约投资等特点。

2. 直接涂刷型

该类密封涂料无须配比，可直接用于沼气池内表面涂刷，常用材料有硅酸钠，俗称水玻璃、泡花碱，具有较好的胶结能力，比重为 1.38～1.40，模数为 2.6～2.8。纯水泥浆、硅酸钠交替涂刷 3～5 遍即可。

3. 复合涂料

复合密封涂料具有防腐蚀、防漏、密封性能好的特点，能满足常温涂刷，24 小时固化，冬夏和南北方都能保持合适的黏流态。在严格保证抹灰和涂刷质量的前提下，可减少层次，节约水泥用量。

二、建筑识图

建筑工程图是把几个投影平面组合起来表示一个客观实物，它能完整准确地表达出建筑物的外形轮廓、大小尺寸、结构构造和材料做法。设计人员通过图面表示其设计思路，施工和制造人员通过看图才能理解实物的形状和构造，领会设计意图，按图纸施工建造，使建造的实物准确地达到设计要求，所以说，图纸又是人们交流的思想和技术，避免大量烦琐文字叙述的精练文章，是指导施工的主要依据，直接参加施工的工人和管理人员都应熟练地掌握看图知识。

基本知识

（一）正投影法与视图

1. 什么叫投影法

投影的现象在日常生活中随处可见，如在晚上，把矩形纸片放在灯和墙之间，墙壁上就会出现矩形的影子，这个影子就叫该纸片在墙壁上的投影。在制图中，把灯所发出的光线称为投影线，墙壁称为投影面，投影面上呈现出的物体影子称为物体的投影，如图 1-2 所示。

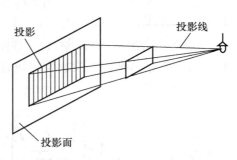

图 1-2 物体的投影图

要将物体的形状投影到平面上，就必须具有投影线和投影面，并使投影线通过物体照射到投影面上，在投影面上得到图形的方法称为投影法。

2. 正投影法及正投影图

当把图 1-2 中的光源移至无穷远时，光线就相互平行了，如果纸片与投影面互为平行，光线又与投影面正好垂直，光线通过纸片照射到投影面上，这样得到的影子就反映纸片的真实形状，如图 1-3 所示。

投影线相互平行且垂直的投影称为平行正投影法，简称正投影法。用正投影法画出来的物体轮廓图形叫正投影图，它反映物体的真实大小，如图 1-4 所示。

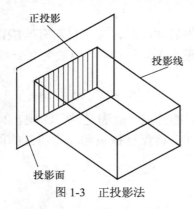

图 1-3　正投影法

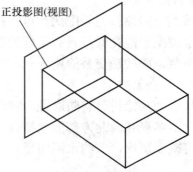

图 1-4　正投影图

3. 正投影法的基本特点

任何物体的形状，都可以看成是由点、线、面组成，以矩形纸片的正投影为例，讨论正投影，其基本特点如下：

（1）如果纸片平行于投影面，投影图的形状大小和投影物一样，见图 1-5（a）。

（2）如果纸片垂直于投影面，投影图就是一条直线，见图 1-5（b）。

（3）如果纸片倾斜于投影面，其投影图形变小，见图 1-5（c）。

由于正投影具有显示物体形状和积聚为一线的特点，所以，正投影图不仅能表达物体的真实形状和大小，而且还有绘制方便、简单等优点，因此，建筑图一般都采用正投影法，简称投影法，用投影法画出的图形通称为视图。

4. 物体的三面视图

建筑工程图不像美术画图那样直观形象，但究竟怎样把一个实物用图纸表现出来呢？一般认为一个实物要反映到图纸上去，需由 3 个投影平面图组成。即平面图（俯视图）、正面图（主视图）、侧视图（左视图）。这 3 个视图是将物体放在如图 1-6 所示的 3 个互相垂直的投影面内进行投影得到的。

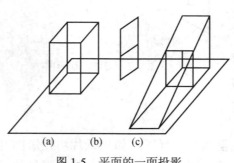

图 1-5　平面的一面投影

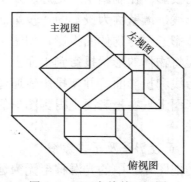

图 1-6　正三角块的三视图

　　所谓俯视图是从物体上方向下观看的水平面投影，主图 1-2 物体的投影图。图 1-3 正投影法图 1-4 正投影图 bc 平面的一面投影图视图是从物体前方向正面观看的投影，左视图是从物体左方向侧面进行投影。为了把三视图画在同一个平面上，规定正面不动，水平面向下，侧面向右分别旋转与正面处于同一个平面，再去掉投影面边框，就得到同一平面的三视图（图 1-6）。除上述三个平面图外，为了看清物体内部结构，用剖切平面的方法将物体从适当的地方切开，移去观察者与剖切平面之间的部分，再从正面观察剩余下那部分韵投影图像叫剖面图。物体从纵方向切开的剖面图叫纵剖面图，从横方向切开的叫横剖面图，重要部位部分切开的叫局部剖面图。

　　5. 视图的投影规律

　　如果把 3 个互相垂直的视图展开成一个平面，展开时规定正面不动，水平向下旋转，侧面向后转，图 1-6 正三角块的三视图如图 1-7（a），直到展平，如图 1-7（b），再去掉投影面上的边线，就得到了常见的三视图，如图 1-7（c）。

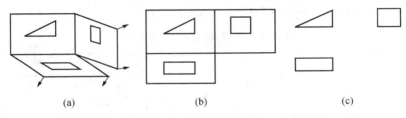

　　　　（a）　　　　　　　　　（b）　　　　　　　　（c）

图 1-7　展开的三视图

　　三视图具有"长对正，高平齐，宽相等"的投影关系。此关系是绘图和识图时应遵循的基本投影规律。

（二）基本几何体视图

　　基本几何体，按其表面的几何性质可分为两类：表面都是平面体的，称为平面立体，如棱柱、棱锥等；表面有曲面或都是曲面的，称为曲面立体，如圆柱、圆锥、环等。无论物体的结构怎样复杂，一般都由这些基本几何体组成。

工程施工图的种类

　　1. 总平面图

　　它是说明建筑物所在地理位置和周围环境的平面图。一般在总平面图上标有建筑物的外形、建筑物周围的地形、原有建筑和道路，还要表示出拟建道路、水、暖、电、通等地下管网和地上管线，还要表示出测绘用的坐标方格网、坐标点位置和拟建建筑的坐标、水准点和等高线、指北针、风玫瑰等。该类图纸一般以"总施××"编号。

　　2. 建筑施工图

　　建筑施工图包括建筑物的平面图、立体图、剖面图和建筑详图，用以表示房屋的规模、层数、构造方法和细部做法等，该类图纸一般以"建施××"编号。

3. 建筑结构施工图

建筑结构施工图包括基础剖面图和详图，各楼层和屋面结构的平面图，柱、梁详图和其他结构大详图，用以表示房屋承受荷重的结构构造方法、尺寸、材料和构件的详细构造方式。该类图纸一般以"结施××"编号。

4. 水暖电通施工图

该类图纸包括给水、排水、卫生设备、暖气管道和装置、电气线路和电器安装及通风管道等的平面图、透视图、系统图和安装大详图，用以表示各种管线的走向、规格、材料和做法。该类图纸分别以"水施××"、"电施××"、"暖施××"、"通施××"等编号。

施工图的形式

1. 图纸规格

施工图是由设计人员绘制在图纸上的，图纸规格就是指图纸的幅面和大小形式。施工图的幅面和图框尺寸如表 1-10 所示，施工图的形式如图 1-8 所示。

表 1-10 施工图幅面和图框尺寸

尺寸代号	幅面代号				
	A0	A1	A2	A3	A4
$b \times 1$	1189×841	841×594	594×420	420×297	297×210
c	10			5	
a	25				

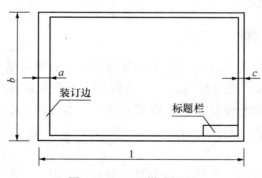

图 1-8 A0-A3 横式幅面

A0-A3 也可以绘制成立式幅面，A4 一般只绘立式幅面。当建筑物平面尺寸特殊时，图纸可以加长。

2. 标题栏

标题栏（简称图标）在每张施工图的右下角，应按图 1-9 的图示表示。

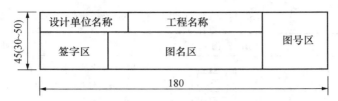

图 1-9 标题栏的形式

3. 常用线型

施工图上的线条有轮廓线、定位轴线、尺寸线、引出线等，这些线条各有其意义，见表 1-11。

表 1-11 施工图常用线型

名 称	线 型	线 宽	用 途
粗实线	——	b	1. 平、剖面图中被剖切的主要建筑构造（包括构配件）的轮廓线 2. 建筑立面图的外轮廓线 3. 建筑构造详图中被剖切的主要部分的轮廓线 4. 建筑构配件详图中构配件的轮廓线
中实线	——	0.5b	1. 平、剖面图中被剖切的次要建筑构造（包括构配件）的轮廓线 2. 建筑平、立、剖面图中建筑构配件的轮廓线 3. 建筑构造详图及建筑构配件详图中一般轮廓线
细实线	——	0.35b	小于 0.5b 的图形线、尺寸线、尺寸界限、图例线、索引符号、标高符号等
中虚线	- - - - -	0.5b	1. 建筑构造及建筑构配件不可见的轮廓线 2. 平面图中的起重机轮廓线 3. 拟扩建的建筑轮廓线
细虚线	- - - - -	0.35b	图例线，小于 0.5b 的不可见的轮廓线
细点画线	—·—·—	0.35b	中心线、对称线、定位轴线
折断线	—·—·—	0.35b	不需画全的断开界线
波浪线	～～	0.35b	不需画全的断开界线 构造层次的断开界线

4. 图例

图例是建筑施工图纸上用来表示一定含义的符号，建筑施工图常用图例见表 1-12。

表 1-12　施工图上常用的图例

序号	名　称	图　例	说　明
1	单扇门（包括平开或单面弹簧）		1. 门的名称代号用 M 表示 2. 剖面图上左为外、右为内，平面图上下为外、上为内 3. 立面图上开启方向线交角的一侧为安装合页的一侧，实线为外开，虚线为内开
2	双扇门（包括平开或单面弹簧）		
3	空门洞		
4	单层固定窗		1. 窗的名称代号用 C 表示 2. 剖面图上左为外、右为内，平面图上下为外、上为内 3. 立面图的斜线表示窗的开关方向，实线为外开，虚线为内开；开启方向线交角的一侧为安装合页的一侧
5	单层外开平窗		
6	普通砖		1. 包括砌体、砌砖 2. 断面较窄、不易画出图例时可涂红
7	空心砖		包括各种多孔砖
8	混凝土		1. 适用于能承重的混凝土及钢筋混凝土 2. 包括各种强度等级、骨料的混凝土 3. 在剖面图上画出钢筋时，不画出图例线 4. 断面较窄、不易画出图例时可涂黑
9	钢筋混凝土		1. 适用于能承重的混凝土及钢筋混凝土 2. 包括各种强度等级、骨料的混凝土 3. 在剖面图上画出钢筋时，不画出图例线 4. 断面较窄、不易画出图例时可涂黑
10	烟道		

续表

序号	名　　称	图　　例	说　　明
11	通风		
12	孔洞		
13	坑槽		
14	墙顶留洞	宽×高或φ	
15	自然土壤		
16	夯实土壤		
17	木材		
18	沙、灰土		靠近轮廓线，以较密的点表示
19	沙石、碎砖三合土		
20	毛石		
21	焦渣、矿渣		包括与水泥、石灰等混合而成的材料
22	多孔材料		包括水泥珍珠岩、沥青珍珠岩、泡沫混凝土、非承重加气混凝土、泡沫塑料、软木等
23	纤维材料		包括麻丝、玻璃棉、矿渣棉、木丝板、纤维板等
24	金属		1. 包括各种金属 2. 图形小时，可涂黑
25	钢筋横断面		
26	无弯钩的钢筋端部		

续表

序号	名　称	图　例	说　明
27	带半圆形弯钩的钢筋端部	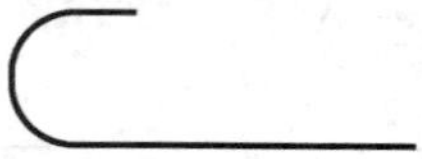	
28	带直钩的钢筋端部		
29	带丝口的钢筋端部		
30	无弯钩的钢筋搭接		
31	带半圆弯钩的钢筋搭接		
32	带直钩的钢筋搭接		
33	套管接头	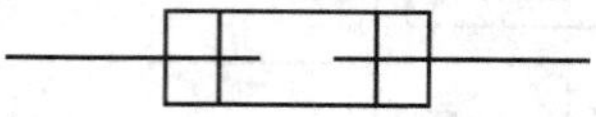	
34	Ⅰ级钢筋（3号钢）	Φ　　Ø	
35	Ⅱ级钢筋	ϕ　　Φ	
36	Ⅲ级钢筋	ϕ　　Φ	
37	冷拉Ⅰ级钢筋	ϕ'　　Ø'	

　　房屋施工图是直接用来指导施工的图样，识读房屋施工图时，首先要熟记施工图中常用的图例、符号、线性、尺寸和比例的意义，还要了解房屋的组成和构造上的一些基本情况。

　　其次要熟悉一套完整施工图纸的编排程序：图纸目录、总说明、总平面图、建筑施工图、结构施工图和设备施工图等。

　　房屋施工图的一般顺序是：首页目录总说明建施结构设施总平面图→平面→立面→剖面→详图。

建筑施工图

　　建筑施工图由总平面图、各层平面图、剖面图、立面图、建筑详图以及必要的说明和门窗细表等组成。

　　1. 建筑平面图

　　主要表示建筑物的平面形状、水平方向各部分（房间、走廊、楼梯等）的布置和组合关系、门窗位置、其他建筑构配件的位置以及墙、柱布置和大小等情况。如图1-10所示。

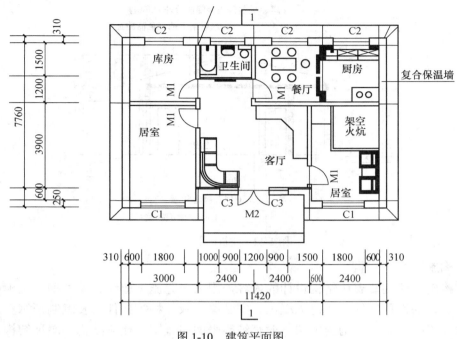

图 1-10 建筑平面图

2. 建筑立面图

主要用来表示建筑物的外貌，并表明外墙装修的要求，如图 1-11 所示。

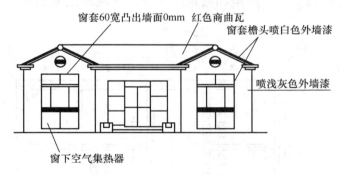

图 1-11 建筑立面图

3. 建筑剖面图

主要用来表达建筑物的结构形式、构造、高度、材料及楼层房屋的内部分层情况，如图 1-12 所示。

4. 建筑详图

建筑详图是建筑细部的施工图，它对房屋的细部或构配件用较大的比例将其形状、大小、材料和做法绘制出来。

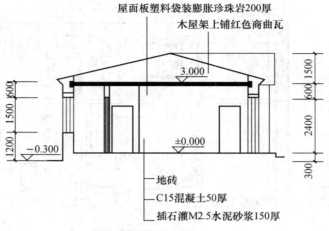

屋面板塑料袋装膨胀珍珠岩200厚
木屋架上铺红色商曲瓦

3.000

±0.000

−0.300

地砖
C15混凝土50厚
插石灌M2.5水泥砂浆150厚

图 1-12　建筑剖面图

结构施工图

结构施工图主要表达结构设计的内容，用来作为施工放线、挖基槽、支模板、绑扎钢筋、安设预埋件、浇捣混凝土、安装梁、板、柱等构件以及编制预算和施工组织设计等的依据。结构施工图一般有结构平面布置图、楼盖结构、屋顶结构、各结构详图、布置图、节点联结以及必要的说明等。

1. 结构平面布置图

表示承重构件的布置、类型和数量或现浇钢筋混凝土板的钢筋配置情况，如图 1-13 所示。

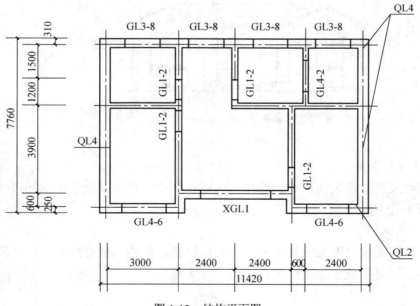

图 1-13　结构平面图

2. 构件详图

可分为配筋图、模板图、预埋件详图及材料用量表等。其中，配筋图包括有立面图、断面图和钢筋详图。钢筋详图中表示了构件内部的钢筋配置、形状、数量和规格，如图 1-14 所示。

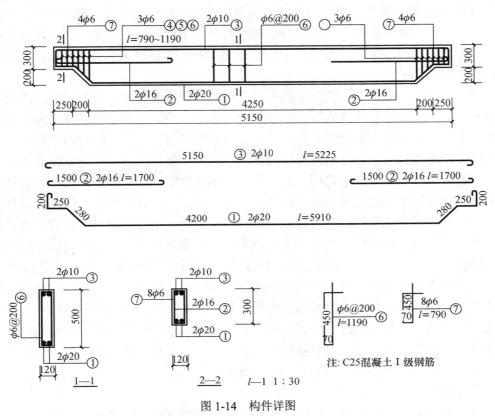

图 1-14　构件详图

第四节　沼气发酵基础知识

本教程所讲的沼气，是指利用人工的方法所获得的"人工沼气"，研究人工制取和利用沼气的科学，称之为沼气工程学。沼气工程学涉及微生物学、化学、力学、建筑、机械、热工、电力、土壤肥料、环保卫生等多种学科，只有掌握有关沼气的基础知识，才能更好地为沼气建设事业服务，为生态家园建设做出更大的贡献。

一、沼气

沼气是有机物质在厌氧条件下,经过微生物的发酵作用而生成的一种可燃气体。由于这种气体最先是在沼泽中发现的，所以称为沼气。人畜粪便、秸秆、污水等各种有机物在密闭的沼气池内，在厌氧（没有氧气）条件下发酵，即被种类繁多的沼气发酵微生物分解转化，从而产生沼气。沼气是一种混合气体，可以燃烧。沼气是有机物经微生物厌氧消化而产生的可燃性气体。

沼气是多种气体的混合物，一般含甲烷 50%～70%，其余为二氧化碳和少量的氮、氢和硫化氢等，其特性与天然气相似。空气中如含有 8.6%～20.8%（按体积计）的沼气时，就会形成爆炸性的混合气体。沼气除直接燃烧用于炊事、烘干农副产品、供暖、照明和气焊等外，还可做内燃机的燃料以及生产甲醇、福尔马林、四氯化碳等化工原料。经沼气装置发酵后排出的料液和沉渣，含有较丰富的营养物质，可用作肥料和饲料。

沼气是一些有机物质，在一定的温度、湿度、酸度条件下，隔绝空气（如用沼气池），经微生物作用（发酵）而产生的可燃性气体。它含有少量硫化氢，所以略带臭味。发酵是复杂的生物化学变化，有许多微生物参与。反应大致分两个阶段：第一阶段：微生物把复杂的有机物质中的糖类、脂肪、蛋白质降解成简单的物质，如低级脂肪酸、醇、醛、二氧化碳、氨、氢气和硫化氢等。第二阶段：由甲烷菌种的作用，使一些简单的物质变成甲烷。要正常地产生沼气，必须为微生物创造良好的条件，使它能生存、繁殖。沼气池必须符合多种条件。首先，沼气池要密闭。有机物质发酵成沼气，是多种厌氧菌活动的结果，因此要造成一个厌氧菌活动的缺氧环境。在建造沼气池时要注意隔绝空气，不透气、不渗水。其次，沼气池里要维持 20～40℃，因为通常在这种温度下产气率最高。第三阶段，沼气池要有充足的养分。微生物要生存、繁殖，必须从发酵物质中吸取养分。在沼气池的发酵原料中，人畜粪便能提供氮元素，农作物的秸秆等纤维素能提供碳元素。第四阶段，发酵原料要含适量水，一般要求沼气池的发酵原料中含水 80% 左右，过多或过少都对产气不利。第五阶段，沼气池的 pH 值一般控制在 7～8.5。

成分组成

沼气的主要成分是甲烷。沼气由 50%～80% 甲烷（CH_4）、20%～40% 二氧化碳（CO_2）、0～5% 氮气（N_2）、小于 1% 的氢气（H_2）、小于 0.4% 的氧气（O_2）与 0.1%～3% 硫化氢（H_2S）等气体组成。由于沼气含有少量硫化氢，所以略带臭味，其特性与天然气相似。空气中如含有 8.6%～20.8%（按体积计）的沼气时，就会形成爆炸性的混合气体。

沼气的主要成分甲烷是一种理想的气体燃料，它无色无味，与适量空气混合后即会燃烧。每立方米纯甲烷的发热量为 34000 千焦，每立方米沼气的发热量约为 20800～23600 千焦。即 1 立方米沼气完全燃烧后，能产生相当于 0.7 千克无烟煤提供的热量。与其他燃气相比，其抗爆性能较好，是一种很好的清洁燃料。

沼气的性质如下：

（1）热值甲烷是一种发热值相当高的优质气体燃料。1 立方米纯甲烷，在标准状况下完全燃烧，可放出 35822 千焦的热量，最高温度可达 1400℃。沼气中因含有其他气体，发热量稍低一点，为 20000～29000 千焦，最高温度可达 1200℃。因此，在人工制取沼气中，应创造适宜的发酵条件，以提高沼气中甲烷的含量。

（2）比重 与空气相比，甲烷的比重为0.55，标准沼气的比重为0.94。所以，在沼气池气室中，甲烷较轻，分布在上层；二氧化碳较重，分布于下层。沼气比空气轻，在空气中容易扩散，扩散速度比空气快3倍。当空气中甲烷的含量达25%～30%时，对人畜具有一定的麻醉作用。

（3）溶解度 甲烷在水中的溶解度很小，在20℃、一个大气压下，100单位体积的水只能溶解3个单位体积的甲烷，这就是沼气不但在淹水条件下生成，还可用排水法收集的原因。

（4）临界温度和压力 气体从气态变成液态时，所需要的温度和压力称为临界温度和临界压力。标准沼气的平均临界温度为-37℃，平均临界压力为56.64×105帕（即56.64个大气压力）。这说明沼气液化的条件是相当苛刻的，也是沼气只能以管道输气，不能液化装罐作为商品能源交易的原因。

（5）分子结构与尺寸 甲烷的分子结构是一个碳原子和四个氢原子构成的等边三角四面体，分子量为16.04。其分子直径为$3.76×10^{-10}$米，约为水泥沙浆孔隙的1/4，这是研制复合涂料，提高沼气池密封性的重要依据。

（6）燃烧特性 甲烷是一种优质气体燃料，一个体积的甲烷需要两个体积的氧气才能完全燃烧。氧气约占空气的1/5，而沼气中甲烷含量为60%～70%，所以，一个体积的沼气需要6～7个体积的空气才能充分燃烧。这是研制沼气用具和正确使用用具的重要依据。

（7）爆炸极限 在常压下，标准沼气与空气混合的爆炸极限是8.80%～24.4%；沼气与空气按1∶10的比例混合，在封闭条件下，遇到火会迅速燃烧、膨胀，产生很大的推动力，因此，沼气除了可以用于炊事、照明外，还可以用做动力燃料。

了解和熟悉沼气的上述主要理化性质，对于制取和利用沼气很有必要。

二、沼气发酵基本原理

沼气发酵又称为厌氧消化、厌氧发酵和甲烷发酵，是指有机物质（如人畜家禽粪便、秸秆、杂草等）在一定的水分、温度和厌氧条件下，通过种类繁多、数量巨大且功能不同的各类微生物的分解代谢，最终形成甲烷和二氧化碳等混合性气体（沼气）的复杂的生物化学过程。

（一）沼气发酵微生物

沼气发酵微生物是人工制取沼气最重要的因素，只有有了大量的沼气微生物，并使各种类群的微生物得到基本的生长条件，沼气发酵原料才能在微生物的作用下转化为沼气。

1. 沼气微生物的种类

沼气发酵是一种极其复杂的微生物和化学过程，这一过程的发生和发展是五大类群微生物生命活动的结果。它们是：发酵性细菌、产氢产乙酸菌、耗氢产乙酸菌、食氢产甲烷菌和食乙酸产甲烷菌。这些微生物按照各自的营养需要，起着不同的物质转化作用。从复杂有机物的降解，到甲烷的形成，就是由它们分工合作和相互作用而完成的。

在沼气发酵过程中，五大类群细菌构成一条食物链，从各类群细菌的生理代谢产物或它们的活动对发酵液酸碱度（pH）的影响来看，沼气发酵过程可分为产酸阶段和产甲烷阶段。

前三群细菌的活动可使有机物形成各种有机酸，因此，将其统称为不产甲烷菌。后二群细菌的活动可使各种有机酸转化成甲烷，因此，将其统称为产甲烷菌。

（1）不产甲烷菌　在沼气发酵过程中，不能直接产生甲烷的微生物统称为不产甲烷菌。

不产甲烷菌能将复杂的大分子有机物变成简单的小分子量的物质。它们的种类繁多，现已观察到的包括细菌、真菌和原生动物三大类。以细菌种类最多，目前已知的有18个属51个种，随着研究的深入和分离方法的改进，还在不断发现新的种。根据微生物的呼吸类型可将其分为好氧菌、厌氧菌、兼性厌氧菌三种类型。其中，厌氧菌数量最大，比兼性厌氧菌、好氧菌多100～200倍，是不产甲烷阶段起主要作用的菌类。根据作用基质来分，有纤维分解菌、半纤维分解菌、淀粉分解菌、蛋白质分解菌、脂肪分解菌和其他一些特殊的细菌，如产氢菌、产乙酸菌等。

（2）产甲烷菌　在沼气发酵过程中，利用小分子量化合物形成沼气的微生物统称为产甲烷菌。如果说微生物是沼气发酵的核心，那么产甲烷菌又是沼气发酵微生物的核心，产甲烷菌是一群非常特殊的微生物。它们严格厌氧，对氧和氧化剂非常敏感，适宜在中性或微碱性环境中生存繁殖。它们依靠二氧化碳和氢气生长，并以废物的形式排出甲烷，是要求生长物质最简单的微生物。

产甲烷菌的种类很多，目前已发现的产甲烷菌有3目、4科、7属和13种，根据它们的细胞形态、大小、有无鞭毛、有无孢子等特征，可分为甲烷杆菌类、甲烷八叠球菌类、甲烷球菌类、甲烷螺旋形菌类（见图1-15）。产甲烷菌生长缓慢，繁殖倍增时间一般都比较长，长者达4～6天，短者3小时左右，大约为产酸菌繁殖倍增时间的15倍。由于产甲烷菌繁殖较慢，在发酵启动时，需加入大量甲烷菌种。

产甲烷菌在自然界中广泛分布，如土壤中，湖泊、沼泽中，反刍动物（牛羊等）的肠胃道，淡水或碱水池塘污泥中，下水道污泥，腐烂秸秆堆，牛马粪以及城乡垃圾堆中都有大量的产甲烷菌存在。由于产甲烷菌的分离、培养和保存都有较大的困难，迄今为止，所获得的产甲烷菌的纯种不多。一些菌的培养方法没有过关，所以对产甲烷菌的生理生化特征还不清楚，产甲烷菌的纯种还不能应用于生产，这些直接影响到沼气发酵研究的进展，也是影响沼气池产气率提高不快的重要原因。

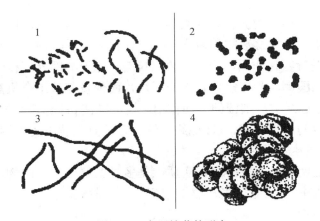

图 1-15　产甲烷菌的形态

1—甲烷杆菌类；2—甲烷球菌类；3—甲烷螺旋菌类；4—甲烷八叠球菌类

2. 沼气发酵微生物的作用

在沼气发酵过程中，不产甲烷菌与产甲烷菌相互依赖，互为对方创造维持生命活动所需的物质基础和适宜的环境条件；同时又相互制约，共同完成沼气发酵过程。它们之间的相互关系主要表现在下列几方面：

（1）不产甲烷菌为产甲烷菌提供营养原料中的碳水化合物、蛋白质和脂肪等复杂有机物不能直接被产甲烷菌吸收利用，必须通过不产甲烷菌的水解作用，使其形成可溶性的简单化合物，并进一步分解，形成产甲烷菌的发酵基质。这样，不产甲烷菌通过其生命活动为产甲烷菌源源不断地提供合成细胞的基质和能源。另外，产甲烷菌连续不断地将不产甲烷菌所产生的乙酸、氢和二氧化碳等发酵基质转化为甲烷，使厌氧消化中不致有酸和氢的积累，不产甲烷菌也就可以继续正常的生长和代谢。由于不产甲烷菌与产甲烷菌的协同作用，使沼气发酵过程达到产酸和产甲烷的动态平衡，维持沼气发酵的稳定运行。

（2）不产甲烷菌为产甲烷菌创造适宜的厌氧生态环境在沼气发酵启动阶段，由于原料和水的加入，在沼气池中随之进入了大量的空气，这显然是对产甲烷菌有害的，但是由于不产甲烷菌类群中的好氧和兼性厌氧微生物的活动，使发酵液的氧化还原电位（氧化还原电位越低，厌氧条件越好）不断下降，逐步为产甲烷菌的生长和产甲烷菌创造厌氧生态环境。

（3）不产甲烷菌为产甲烷菌清除有毒物质，在以工业废水或废弃物为发酵原料时，其中往往含有酚类、苯甲酸、氰化物、长链脂肪酸和重金属等物质，这些物质对产甲烷菌是有毒害作用的。而不产甲烷菌中有许多菌能分解和利用上述物质，这样就可以解除对产甲烷菌的毒害。此外，不产甲烷菌发酵产生的硫化氢（H_2S）可以与重金属离子作用，生成不溶性的金属硫化物而沉淀下来，从而解除了某些重金属的毒害作用。

（4）不产甲烷菌与产甲烷菌共同维持环境中适宜的酸碱度在沼气发酵初期，不产甲烷菌首先降解原料中的淀粉和糖类等，产生大量的有机酸。同时，产生的二氧化碳也部分溶于水，使发酵液的酸碱度（pH）下降。但是，由于不产甲烷菌类群中的氨化细菌迅速进行氨化作用，产生的氨（NH_3）可中和部分有机酸。同时，由于甲烷菌不断利用乙酸、氢和二氧化碳形成甲烷，而使发酵液中有机酸和二氧化碳的浓度逐步下降。通过两类群细菌的共同作用，就可以使 pH 稳定在一个适宜的范围。因此，在正常发酵的沼气池中，pH 始终能维持在适宜的状态而不用人为地控制。

3. 沼气发酵微生物的特点

理论和实践证明，沼气发酵过程实质上是多种类群微生物的物质代谢和能量代谢过程，在此过程中，沼气发酵微生物是核心，其发酵工艺过程及工艺条件的控制都以沼气发酵微生物学为理论指导。具有以下特点：

（1）分布广，种类多。上至 1.2 万米的高空，下至 2 000 米的地层深处都有微生物的踪迹。目前，已被人们研究过的微生物约有 3 万～4 万种之多。沼气微生物在自然界中分布也很广，特别是在沼泽、粪池、污水池以及阴沟污泥中存在有各种各样的沼气发酵微生物，种类达 200～300 种，它们是可利用的沼气发酵菌种的源泉。

（2）繁殖快，代谢强。在适宜条件下，微生物有很高的繁殖速度。产酸菌在生长旺盛时，20 分钟或更短的时间内就可以繁殖一代，产甲烷菌繁殖速度较慢，约为产酸菌的 1/15。微生物所以能够出现这样高的繁殖速度，主要因为它们具有极大的表面积和体积比值，如直径为 1 微米的球菌，其面积和体积的比值为 6 万，而人的这种比值却不到 1。所以，它能够以极快的速度与外界环境发生物质交换，使之具有很强的代谢能力。

（3）适应性强，容易培养。与高等生物相比，多数微生物适应性较强，并且容易培养。

在自然条件下，成群体状态生长的微生物更是如此。例如，沼气池里的微生物（主要是厌氧和兼性厌氧两大菌群）在 10～60℃条件下，都可以利用多种多样的复杂有机物进行沼气发酵。有时经过驯化培养后的微生物可以加快这种反应，从而更有效地达到生产能源和保护环境的目的。

（二）沼气发酵过程

沼气发酵过程，实质上是微生物的物质代谢和能量转换过程，在分解代谢过程中沼气微生物获得能量和物质，以满足自身生长繁殖，同时大部分物质转化为甲烷（CH_4）和二氧化碳（CO_2）。这样各种各样的有机物质不断地被分解代谢，就构成了自然界物质和能量循环的重要环节。科学测定分析表明：有机物约有 90% 被转化为沼气，10% 被沼气微生物用于自身的消耗。所以说，发酵原料生成沼气是通过一系列复杂的生物化学反应来实现的。一般认为这个过程大体上分为水解发酵、产酸和产甲烷三个阶段。

1. 水解发酵阶段

各种固体有机物通常不能进入微生物体内被微生物利用，必须在好氧和厌氧微生物分泌的胞外酶、表面酶（纤维素酶、蛋白酶、脂肪酶）的作用下，将固体有机质水解成分子量较小的可溶性单糖、氨基酸、甘油、脂肪酸。这些分子量较小的可溶性物质就可以进入微生物细胞之内被进一步分解利用（图1-16）。

图 1-16　水解发酵阶段示意图

2. 产酸阶段

各种可溶性物质（单糖、氨基酸、脂肪酸），在纤维素细菌、蛋白质细菌、脂肪细菌、果胶细菌胞内酶作用下继续分解转化成低分子物质，如丁酸、丙酸、乙酸以及醇、酮、醛等简单有机物质。同时也有部分氢（H_2）、二氧化碳（CO_2）和氨（NH_4）等无机物的释放。但在这个阶段中，主要的产物是乙酸，占70%以上，所以称为产酸阶段（图1-17）。参加这一阶段的细菌称之为产酸菌。

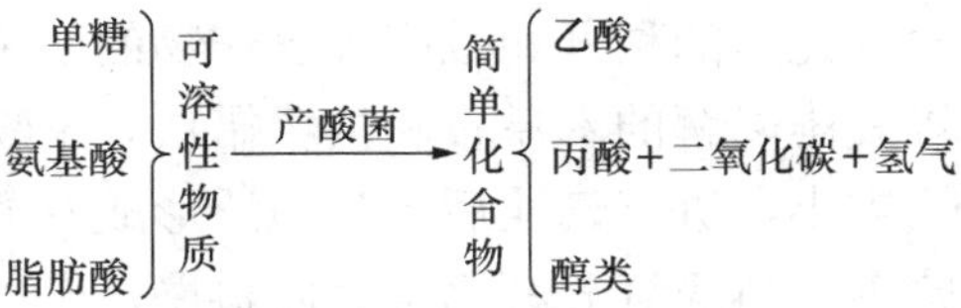

单糖 ┐可   ┌乙酸
　　　│溶   产酸菌   简
氨基酸│性 ─────────→ 单化│丙酸+二氧化碳+氢气
　　　│物   合
脂肪酸┘质   物 └醇类

图 1-17　产酸阶段示意图

上述两个阶段是一个连续过程，通常称之为不产甲烷阶段，它是复杂的有机物转化成沼气的先决条件。

3. 产甲烷阶段

由产甲烷菌将第二阶段分解出来的乙酸等简单有机物分解成甲烷和二氧化碳，其中二氧化碳在氢气的作用下还原成甲烷。这一阶段叫产气阶段，或叫产甲烷阶段（图1-18）。

乙酸 ┐
　　　│   甲烷菌
丙酸 ├ 简单化合物 ─────────→ 甲烷+二氧化碳
　　　│
醇类 ┘

图 1-18　产甲烷阶段示意图

综上所述，有机物变成沼气的过程，好比工厂里生产一种产品的3道工序，1～2道工序是分解细菌将复杂有机物加工成半成品——结构简单的化合物，第3道工序是在甲烷菌的作用下，将半成品加工成产品即生成甲烷气。

三、沼气发酵基本条件

人们在观察了沼气气泡从沼泽、池塘水面以下的污泥中和粪坑的底部冒出的现象以后，受到启示，认识到丰富的有机物质在隔绝空气和保持一定水分、温度的条件下，便能生成沼气。于是在实验室里，对沼气的产生过程进行了深入研究，逐步弄清了人工制取沼气的工艺条件。那么，满足哪些条件，才能制取质优、量多的沼气呢？

（一）碳氮比适宜的发酵原料

沼气发酵原料是沼气微生物赖以生存的物质基础，也是沼气微生物进行生命活动和产生沼气的营养物质。沼气发酵原料按其物理形态分为固态原料和液态原料两类；按其营养成分又有富氮原料和富碳原料之分；按其来源分为农村沼气发酵原料、城镇沼气发酵原料和水生植物三类。

富氮原料通常指富含氮元素的人、畜和家禽粪便，这类原料经过了人和动物肠胃系统的充分消化，一般颗粒细小，含有大量低分子化合物——人和动物未吸收消化的中间产物，含水量较高。因此，在进行沼气发酵时，它们不必进行预处理，就容易厌氧分解，产气很快，发酵期较短。

富碳原料通常指富含碳元素的秸秆和秕壳等农作物的残余物，这类原料富含纤维素、半纤维素、果胶以及难降解的木质素和植物蜡质。干物质含量比富氮的粪便原料高，且质地疏松，比重小，进沼气池后容易飘浮形成发酵死区——浮壳层，发酵前一般需经预处理。富碳原料厌氧分解比富氮原料慢，产气周期较长。

氮素是构成沼气微生物躯体细胞质的重要原料，碳素不仅构成微生物细胞质，而且提供生命活动的能量。发酵原料的碳氮比不同，其发酵产气情况差异也很大。从营养学和代谢作用角度看，沼气发酵细菌消耗碳的速度比消耗氮的速度要快25～30倍。因此，在其他条件都具备的情况下，碳氮比例配成25～30∶1可以使沼气发酵在合适的速度下进行。如果比例失调，就会使产气和微生物的生命活动受到影响。因此，制取沼气不仅要有充足的原料，还应注意各种发酵原料碳氮比的合理搭配。

（二）质优量足的菌种

沼气发酵微生物是人工制取沼气的内因条件，一切外因条件都是通过这个基本的内因条件才能起作用。因此，沼气发酵的前提条件就是要接入含有大量这种微生物的接种物，或者说含量丰富的菌种。

沼气发酵微生物都是从自然界来的，而沼气发酵的核心微生物菌落是产甲烷菌群，一切具备厌氧条件和含有有机物的地方都可以找到它们的踪迹。它们的生存场所，或者说人们采集接种物的来源主要有如下几处：沼气池、湖泊、沼泽、池塘底部；阴沟污泥之中；积水粪坑之中；动物粪便及其肠道之中；屠宰场、酿造厂、豆制品厂、副食品加工厂等阴沟之中以及人工厌氧消化装置之中。

给新建的沼气池加入丰富的沼气微生物群落，目的是为了很快地启动发酵，而后又使其在新的条件下繁殖增生，不断富集，以保证大量产气。农村沼气池一般加入接种物的量为总投料量的 10%～30%。在其他条件相同的情况下，加大接种量，产气快，气质好，启动不易出现偏差。

（三）严格的厌氧环境

沼气微生物的核心菌群——产甲烷菌是一种厌氧性细菌，对氧特别敏感，它们在生长、发育、繁殖、代谢等生命活动中都不需要空气，空气中的氧气会使其生命活动受到抑制，甚至死亡。产甲烷菌只能在严格厌氧的环境中才能生长。所以，修建沼气池，要严格密闭，不漏水，不漏气，这不仅是收集沼气和储存沼气发酵原料的需要，也是保证沼气微生物在厌氧的生态条件下生活得好，使沼气池能正常产气的需要。这就是为什么把漏水、漏气的沼气池称为"病态池"的道理。

（四）适宜的发酵温度

温度是沼气发酵的重要外因条件，温度适宜则细菌繁殖旺盛，活力强，厌氧分解和生成甲烷的速度就快，产气就多（见表 1-13）。从这个意义上讲，温度是产气好坏的关键。

表 1-13　沼气原料在不同温度下的产气率

发酵原料	发酵温度（℃）	容积产气率[米³/(米³·天)]
猪粪+稻草	29~31	0.55
猪粪+稻草	24~26	0.21
猪粪+稻草	16~20	0.10
猪粪+稻草	12~15	0.07
猪粪+稻草	8 以下	微量

研究发现，在 10～60℃的范围内，沼气均能正常发酵产气。低于 10℃或高于 60℃都严重抑制微生物生存、繁殖，影响产气。在这一温度范围内，一般温度越高，微生物活动越旺盛，产气量越高（见图 1-19）。微生物对温度变化十分敏感，温度突升或突降，都会影响微生物的生命活动，使产气状况恶化。

通常把不同的发酵温度区分为三个范围，即把 46～60℃称为高温发酵，28～38℃称为中温发酵，10～26℃称为常温发酵。农村沼气池靠自然温度发酵，属于常温发酵。常温发酵虽然温度范围较广，但在 10～26℃范围内，温度越高，产气越好。这就是为什么沼气池在夏季，特别是气温最高的 7 月产气量大，而在冬季最冷的 1 月产气很少，甚至不产气的原因，也是农村沼气池在管理上强调冬天必须采取越冬措施，以保证正常产气的原因。

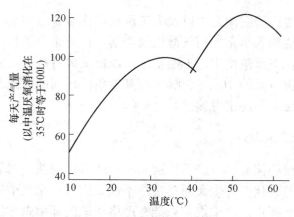

图 1-19　温度对产气率的影响

（五）适宜的酸碱度

沼气微生物的生长、繁殖，要求发酵原料的酸碱度保持中性，或者微偏碱性，过酸、过碱都会影响产气。测定表明，酸碱度在 pH=6～8 之间，均可产气，以 pH=6.5～7.5 产气量最高，pH 值低于 6 或高于 9 时均不产气。

农村户用沼气池发酵初期由于产酸菌的活动，池内产生大量的有机酸，导致 pH 下降。

随着发酵持续进行，氨化作用产生的氨中和一部分有机酸，同时甲烷菌的活动，使大量的挥发酸转化为甲烷（CH_4）和二氧化碳（CO_2），使 pH 值逐渐回升到正常值。所以，在正常的发酵过程中，沼气池内的酸碱度变化可以自然进行调解，先由高到低，然后又升高，最后达到恒定的自然平衡（即适宜的 pH 值），一般不需要进行人为调节。只有在配料和管理不当，使正常发酵过程受到破坏的情况下，才可能出现有机酸大量积累，发酵料液过于偏酸的现象。此时，可取出部分料液，加入等量的接种物，将积累的有机酸转化为甲烷，或者添加适量的草木灰或石灰澄清液，中和有机酸，使酸碱度恢复正常。

（六）适度的发酵浓度

农村沼气池的负荷常用容积有机负荷来表示，即单位体积沼气池每天所承受的有机物的数量，通常以千克 COD（立方米·天）为单位。容积负荷是沼气池设计和运行的重要参数，其大小主要由厌氧活性污泥的数量和活性决定的。

农村沼气池的负荷通常用发酵原料浓度来体现，适宜的干物质浓度为 4%～10%，即发酵原料含水量为 90%～96%。发酵浓度随着温度的变化而变化，夏季一般为 6% 左右，冬季一般为 8%～10%。浓度过高或过低，都不利于沼气发酵。浓度过高，则含水量过少，发酵原料不易分解，并容易积累大量酸性物质，不利于沼气菌的生长繁殖，影响正常产气。浓度过低，则含水量过多，单位容积里的有机物含量相对减少，产气量也会减少，不利于沼气池的充分利用。

（七）持续的搅拌

静态发酵沼气池原料加水混合与接种物一起投进沼气池后，按其比重和自然沉降规律，从上到下将明显地逐步分成浮渣层、清液层、活性层和沉渣层（见图1-20）。这样的分层分布对微生物以及产气是很不利的。导致原料和微生物分布不均，大量的微生物集聚在底层活动，因为此处接种污泥多，厌氧条件好，但原料缺乏，尤其是用富碳的秸秆做原料时，容易漂浮到料液表层，不易被微生物吸收和分解，同时形成的密实结壳，不利于沼气的释放。为了改变这种不利状况，就需要采取搅拌措施，变静态发酵为动态发酵。

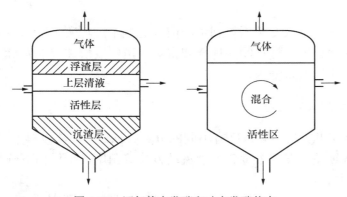

图 1-20　沼气静态发酵和动态发酵状态

沼气池的搅拌通常分为机械搅拌、气体搅拌和液体搅拌三种方式（见图1-21）。机械搅拌是通过机械装置运转达到搅拌目的；气体搅拌是将沼气从池底部冲进去，产生较强的气体回流，达到搅拌的目的；液体搅拌是从沼气池的出料间将发酵液抽出，然后从进料管冲入沼气池内，产生较强的液体回流，达到搅拌的目的。

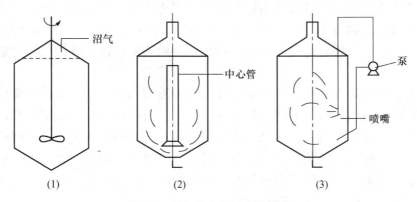

图 1-21　沼气发酵装置搅拌方法

1—机械搅拌；2—气体搅拌；3—液体搅拌

农村户用沼气池通常采用强制回流的方法进行人工液体搅拌，即用人工回流搅拌装置或污泥泵将沼气池底部料液抽出，再泵入进料部位，促使池内料液强制循环流动，提高产气量。此外，利用西北农林科技大学专家教授研制发明的国家专利——沼气池气动搅拌装置（专利号 ZL，97227660.2），可利用沼气池的产气动力，实现沼气发酵装置自动搅拌和达到持续动态发酵的目的。

实践证明，适当的搅拌方法和强度，可以使发酵原料分布均匀，增强微生物与原料的接触，使之获取营养物质的机会增加，活性增强，生长繁殖旺盛，从而提高产气量。搅拌又可以打碎结壳，提高原料的利用率及能量转换效率，并有利于气泡的释放。采用搅拌后，平均产气量可提高 30%以上。

四、沼气发酵常用工艺

沼气发酵工艺是指从发酵原料到生产沼气的整个过程所采用的技术和方法。包括原料的收集和预处理，接种物的选择和富集，沼气发酵装置的发酵启动和日常操作管理及其他相应的技术措施。

（一）沼气发酵工艺类型

对沼气发酵工艺，从不同角度有不同的分类方法。一般从投料方式、发酵温度、发酵阶段、发酵级差、发酵浓度、料液流动方式等角度，可做如下分类：

1. 以投料方式划分

沼气发酵微生物的新陈代谢是一个连续过程，根据该过程中的投料方式的不同，可分为连续发酵、半连续发酵和批量发酵三种工艺。

（1）连续发酵工艺。沼气池发酵启动后，根据设计时预定的处理量，连续不断地或每天定量地加入新的发酵原料，同时排走相同数量的发酵料液，使发酵过程连续进行下去。发酵装置不发生意外情况或不检修时，均不进行大出料。采用这种发酵工艺，沼气池内料液的数量和质量基本保持稳定状态，因此产气量也很均衡。

这种发酵工艺的最大优点，可用两个字概括，就是"稳定"。它可以维持比较稳定的发酵条件，可以保持比较稳定的原料消化利用速度，可以维持比较稳定的发酵产气。

这种工艺流程是先进的，但发酵装置结构和发酵系统比较复杂，造价也较为昂贵，因而适用于大型的沼气发酵工程系统。如大型畜牧场粪污、城市污水和工厂废水净化处理，多采用连续发酵工艺。该工艺要求有充分的物料保证；否则就不能充分有效地发挥发酵装置的负荷能力，也不可能使发酵微生物逐渐完善和长期保存下来。因为连续发酵，不致因大换料等原因而造成沼气池利用率上的浪费，从而使原料消化能力和产气能力大大提高。

（2）半连续发酵工艺。沼气发酵装置初始投料发酵启动一次性投入较多的原料（一般占整个发酵周期投料总固体量的 1/4～1/2），经过一段时间，开始正常发酵产气，随后产气逐渐下降，此时就需每天或定期加入新物料，以维持正常发酵产气，这种工艺就称为半连续沼气发酵。我国农村的沼气池大多属于此种类型。其中的"三结合"沼气池，就是将猪圈、厕所里的粪便随时流入沼气池，在粪便不足的情况下，可定期加入铡碎并堆沤后的作物秸秆等纤维素原料，起到补充碳源的作用。这种工艺的优点是比较容易做到均衡产气和计划用气，能与农业生产用肥紧密结合，适宜粪便和秸秆等混合原料处理。

（3）批量发酵工艺。发酵原料成批量地一次投入沼气池，待其发酵完后，将残留物全部取出，又成批地换上新料，开始第二个发酵周期，如此循环往复。农村小型沼气干发酵装置和处理城市垃圾的"卫生坑填法"均采用这种发酵工艺。这种工艺的优点是投料启动成功后，不再需要进行管理，简单快捷，其缺点是产气分布不均衡，高峰期产气量高，其后产气量低，因此所产沼气适用性较差。

2. 以发酵温度划分

沼气发酵的温度范围一般在 $10\sim60℃$ 之间，温度对沼气发酵的影响很大，温度升高沼气发酵的产气率也随之提高，通常以沼气发酵温度区分为：高温发酵工艺、中温发酵工艺和常温发酵工艺。

（1）高温发酵工艺。高温发酵工艺指发酵料液温度维持在 $50\sim60℃$ 的范围之间，实际控制温度多在 $53\pm2℃$，该工艺的特点是微生物生长活跃，有机物分解速度快，产气率高，滞留时间短。采用高温发酵可以有效地杀灭各种致病菌和寄生虫卵，具有较好的环保效果，从除害灭病和发酵剩余物肥料利用的角度看，选用高温发酵是较为实用的。但要维持消化器的高温运行，能量消耗较大。一般情况下，在有余热可利用的条件下，可采用高温发酵工艺，如处理经高温工艺流程排放的酒精废醪、柠檬酸废水和轻工食品废水等。

（2）中温发酵工艺。中温发酵工艺指发酵料液温度维持在 $35\pm2℃$ 的范围内，与高温发酵相比，这种工艺消化速度稍慢一些，产气率要低一些，但维持中温发酵的能耗较少，沼气发酵能总体维持在一个较高的水平，产气速度比较快，料液基本不结壳，可保证常年稳定运行。为减少维持发酵装置的能量消耗，工程中常采用近中温发酵工艺，其发酵料液温度为 $25\sim30℃$。这种工艺因料液温度稳定，产气量也比较均衡。总之，与经济发展水平相配套，工程上采取增温保温措施是必要的。

（3）常温发酵工艺。常温发酵工艺指在自然温度下进行的沼气发酵，发酵温度受气温影响而变化，我国农村户用沼气池基本上采用这种工艺。其特点是发酵料液的温度随气温、地温的变化而变化，一般料液温度最高时为 $25℃$，低于 $10℃$ 以后，产气效果很差。其好处是不需要对发酵料液温度进行控制，节省保温和加热投资，沼气池本身不消耗热量；其缺点是在同样投料条件下，一年四季产气率相差较大。南方农村沼气池建在地下，冬季产气效率虽然较低，但有足够原料的情况下，还可以维持用气量。北方的沼气池则需建在太阳能暖圈或日光温室下，这样可确保沼气池安全越冬，维持正常产气。

3. 以发酵阶段划分

根据沼气发酵分为"水解→产酸→产甲烷"三个阶段理论，以沼气发酵不同阶段，可将发酵工艺划分为单相发酵工艺和两相（步）发酵工艺。

（1）单相发酵工艺。将沼气发酵原料投入到一个装置中，使沼气发酵的产酸和产甲烷阶段合二为一，在同一装置中自行调节完成。即"一锅煮"的形式。我国农村全混合沼气发酵装置，大多数采用这一工艺。

（2）两相发酵工艺。两相发酵也称两步发酵，或两步厌氧消化。该工艺是根据沼气发酵三个阶段的理论，把原料的水解、产酸阶段和产甲烷阶段分别安排在两个不同的消化器中进行。水解、产酸池通常采用不密封的全混合式或塞流式发酵装置，产甲烷池则采用高效厌氧消化装置，如污泥床、厌氧过滤等。

从沼气微生物的生长和代谢规律以及对环境条件的要求等方面来看，产酸细菌和产甲烷细菌有着很大差别。因而为它们创造各自需要的最佳繁殖条件和生活环境，促使其优势生长，迅速地繁殖，将消化器分开来，是非常适宜的。这既有利于环境条件的控制和调整，也有利于人工驯化、培养优异的菌种，总体上便于进行优化设计。也就是说，两步发酵较之单相发酵工艺过程的产气量、效率、反应速度、稳定性和可控性等方面都要优越，而且生成的沼气中的甲烷含量也比较高。从经济效益上看，这种工艺流程加快了挥发性固体的分解速度，缩短了发酵周期，从而也就降低了生成甲烷的成本和运转费用。

4. 按发酵级差划分

（1）单级沼气发酵工艺。简单地说，就是产酸发酵和产甲烷发酵在同一个沼气发酵装置中进行，而不将发酵物再排入第二个沼气发酵装置中继续发酵。从充分提取生物质能量、杀灭虫卵和病菌的效果以及合理解决用气、用肥的矛盾等方面看，它是很不完善的，产气效率也比较低。但是这种工艺流程的装置结构比较简单，管理比较方便，因而修建和日常管理费用相对来说，比较低廉，是目前我国农村最常见的沼气发酵类型。

（2）多级沼气发酵工艺。所谓多级发酵，就是由多个沼气发酵装置串联而成。一般第一级发酵装置主要是发酵产气，产气量可占总产气量的50%左右，而未被充分消化的物料进入第二级消化装置，使残余的有机物质继续彻底分解，这既有利于物料的充分利用和彻底处理废物中的BOD，也在一定程度上能够缓解用气和用肥的矛盾。如果能进一步深入研究双池结构的形式，降低其造价，提高两级发酵的运转效率和经济效果，对加速我国农村沼气建设的步伐是有现实意义的。从延长沼气池中发酵原料的滞留时间和滞留路程，提高产气率，促使有机物质的彻底分解角度出发，采用多级发酵是有效的。对于大型的两级发酵装置，第一级发酵装置安装加热系统和搅拌装置，以利于提高产气量，而第二级发酵装置主要是彻底处理有机废物中的BOD，不需要搅拌和加温。但若采用大量纤维素物料发酵，为防止表面结壳，第二级发酵装置中仍需设置搅拌。

把多个发酵装置串联起来进行多级发酵，可以保证原料在装置中的有效停留时间，但是总的容积与单级发酵装置相同时，多级装置占地面积较大，装置成本较高。另外，由于第一级池较单级池水力滞留期短，其新料所占比例较大，承受冲击负荷的能力较差。如果第一级发酵装置失效，有可能引起整个装置的发酵失效。

5. 按发酵浓度划分

（1）液体发酵工艺。发酵料液的干物质浓度控制在10%以下，在发酵启动时，加入大量的水。出料时，发酵液如用作肥料，无论是运输、储存或施用都不方便。对干旱地区，由于水源不足，进行液体发酵也感到困难。

（2）干发酵工艺。干发酵又称固体发酵，发酵原料的总固体浓度控制在20%以上，干发酵用水量少，其方法与我国农村沤制堆肥基本相同。此方法可一举两得，既沤了肥，又产生了沼气。干发酵工艺由于出料困难，不适合户用沼气池。

6. 按料液流动方式划分

（1）无搅拌且料液分层的发酵工艺。当沼气池未设置搅拌装置时，无论发酵原料为非匀质的（草粪混合物）或匀质的（粪），只要其固形物含量较高，在发酵过程中料液会出现分层现象（上层为浮渣层，中层为清液层，中下层为活性层，下层为沉渣层）。这种发酵工艺，因沼气微生物不能与浮渣层原料充分接触，上层原料难以发酵，下层沉淀又占有越来越多的有效容积，因此原料产气率和池容产气率均较低，并且必须采用大换料的方法排除浮渣和沉淀。

（2）全混合式发酵工艺。由于采用了混合措施或装置，池内料液处于完全均匀或基本均匀状态，因此微生物能和原料充分接触，整个投料容积都是有效的。它具有消化速度快、容积负荷率和体积产气率高的优点。处理禽畜粪便和城市浮泥的大型沼气池即属于这种类型。

（3）塞流式发酵工艺。采用这种工艺的料液，在沼气池内无纵向混合，发酵后的料液借助于新鲜料液的推动作用而排走。这种工艺能较好地保证原料在沼气池内的滞留时间，在实际运行过程中，完全无纵向混合的理想塞流方式是没有的。许多大中型畜禽粪污沼气工程采用这种发酵工艺。

沼气发酵工艺除有以上划分标准外，还有一些其他的划分标准。例如，把"塞流式"和"全混合式"结合起来的工艺，即"混合—塞流式"；以微生物在沼气池中的生长方式区分的工艺，如"悬浮生长系统"发酵工艺，"附着生长系统"发酵工艺。需要注意的是，上述发酵工艺是按照发酵过程中某一条件特点进行分类的，而实践中应用的发酵工艺所涉及的发酵条件较多，上述工艺类型一般不能完全概括。因此，在确定实际的发酵工艺属于什么类型时，应具体情况具体分析。比如，我国农村大多数户用沼气池的发酵工艺，从温度来看，是常温发酵工艺；从投料方式来看，是半连续投料工艺；从料液流动方式看，是料液分层状态工艺；按原料的生化变化过程看，是单相发酵工艺，因此其发酵工艺属于常温、半连续投料、分层、单相发酵工艺。

（二）沼气发酵工艺流程

1. 连续发酵工艺流程

处理大、中型集约化畜禽养殖场粪污和工业有机废水的大、中型沼气工程，一般都采用连续发酵工艺，其工艺流程如图 1-22 所示。

这种工艺流程控制的基本参数为进料浓度、水力滞留期、发酵温度。启动阶段完成之后，发酵效果主要靠调节这三个基本参数来进行控制。比如原料产气率、体积产气率、有机物去除率等，都是由这三个参数所决定的。

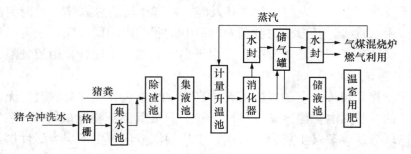

图 1-22　连续发酵工艺基本流程

在连续发酵工艺中，当每天处理的总固体相同时，料液浓度和水力滞留期不同，要求发酵装置的有效容积也不同，并且变化幅度较大。由于进料浓度和水力滞留期都可以在较大范围内变化，这就给人们选择最佳方案造成了极大的困难。目前尚未找到一个大家接受的、能在实际设计上广泛应用的选择最佳参数的公式，许多沼气工程是依据定点条件试验或单因子试验结果，甚至是经验来进行设计的，它们离"最佳化"还有相当距离。

连续自然温度发酵工艺，一般不考虑最高池温，但要考虑最低池温。也就是说，在沼气池内的温度变化到最低点时，在选定的进料浓度和水力滞留期条件下，发酵不至于全部失效。

根据我国大多数地方地下沼气池全年的温度变化数据以及一些试验数据，可供选择的水力滞留期大都在 40～60 天，进料总固体浓度为 6%左右。由于发酵原料一般不随温度而增减，在夏季，选择这种参数的沼气池在某种程度上是处于"饥饿"状态，冬季则处于"胀肚子"状态。尽管如此，从当前情况看，采用这种连续自然温发酵工艺，在我国仍有广泛的发展前景。

在设计连续恒温发酵工艺时，对参数的选择必须十分谨慎。如果原料自身温度高，或者附近有余热可利用来加温和保温，则应尽量按高温或中温设计。如果不存在上述条件，则参数的选择必须十分谨慎。因为任何一个参数的变化不仅将引起投资成本的变化，而且还引起沼气工程自身耗能的变化，给工程的效益带来较大的影响。

2. 半连续发酵工艺流程

我国农村户用沼气池一般都采用常温半连续发酵工艺生产沼气，其工艺流程如图 1-23 所示。这种发酵工艺采用的主要原料是粪便和秸秆，应控制的主要参数是启动浓度、接种物比例及发酵周期。启动浓度一般小于 6%，这对顺利启动有利。接种物一般占料液总量的 10%以上，秸秆较多时应加大接种物数量。发酵周期根据气温情况和农业用肥情况而定。

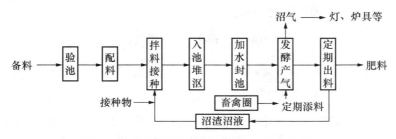

图 1-23 常温单级半连续发酵工艺基本流程

采用这种工艺遇到的问题是，容易忽视经常不断地补充新鲜原料，因为发酵一段时间之后，启动加入的原料已大部分分解，此时不补料，产气必然很快下降。为解决这一问题，在建池时应把猪圈、厕所与沼气池连通起来。以便粪尿能自动地流入池中。采用这种工艺，出料所需劳力比较多，应注意事先做好劳力安排，有条件的地方应尽量采用出料机具。

3. 批量发酵工艺

沼气发酵研究中试和用农作物秸秆等固体原料生产沼气，通常采用批量发酵工艺，其基本工艺流程为：

原料及接种物的收集→原料预处理→原料、接种物混合入池→发酵产气→出料

这种工艺应控制的主要参数为启动浓度、发酵周期及接种物的比例。原料的滞留期等于发酵周期，启动浓度按总固体计算一般应高于 20%。这是为了保证沼气池能处理较多的总固体，为提高池容产气率打下物质基础，同时也便于保温和发酵残渣。按总重量计算，接种物的重量应超过秸秆 1.5 倍以上。发酵周期多长？什么时候换料？这要根据原料来源、温度情况、用肥季节而定。一般来讲夏秋季的发酵周期为 100 天左右。

采用这种工艺遇到的问题：一是启动比较困难。这是因为浓度较高，启动时容易出现产酸较重，发生有机酸积累，使发酵不能正常进行。为避免这种问题的出现，应准备质量较好、数量较多的接种物，调节好碳氮比，并对秸秆原料进行预处理。二是进出料不太方便。采用这种工艺，一般投入秸秆较多，但活动盖口较小的沼气池，进出料不太方便，因此，应根据发酵工艺特点，对发酵装置进行优化设计，采用盖口较大的沼气池或半塑料式沼气池，有条件的地方应尽量采用出料机具。

4. 两步发酵工艺流程

20 世纪 70 年代以来，受沼气发酵过程分段理论的启迪，美国的 Ghosh 和 Klass 等人首先开展了沼气两步发酵工艺（简称两步法）的研究，获得成功之后，美国、英国、比利时、荷兰、日本、中国、印度、泰国等国家的科技工作者积极研究和开发这项高效的新工艺。目前，世界上已建成多个两步发酵的中试和实用的生产规模装置，成功地用于处理牲畜类粪便和某些工业废水。

两步发酵工艺流程如图 1-24 所示。

图 1-24　两步发酵工艺流程

按发酵方式可将沼气两步发酵工艺划分为全两步发酵法和半两步发酵法。

全两步发酵法按原料的形态、特性可划分成浆液和固态两种类型。浆液型和固态型的原料可以先经预处理或者不预处理，然后进入产酸池。产酸池的特点在于：①控制固体物和有机物的高浓度和高负荷；②采用连续或间歇式进料（浆液原料）和批量投料（固体原料）；③浆液原料用完全混合发酵，固态原料采用干发酵。产酸池形成的富含挥发酸的"酸液"进产甲烷池。产甲烷池常采用厌氧上流式污泥床反应器（UASB）、厌氧过滤器（AF）、部分充填的上流式厌氧污泥床或者厌氧接触式反应器等高效反应器；间歇或连续进料；固体物负荷率比产酸池低，可溶性有机物负荷率高。

半两步发酵法是利用两步发酵工艺原理，将厌氧消化速度悬殊的原料综合处理，达到较高效率的简易工艺。它将秸秆类原料进行池外沤制，产生的酸液进沼气池产气，残渣继续加水浸沤。浆液原料（粪便等）则直接进沼气池发酵。这种工艺条件，原料的产气量基本不变，沼气池的产气率显著提高，且秸秆不进入沼气池，减少了很多麻烦。

五、典型户用沼气池

各种有机质通过微生物的作用，进行厌氧发酵人工制取沼气的密闭装置在我国被称为沼气池，它是生态家园的基础和核心。在设计上力求简易、实用、高效、易管，在修建上保证不漏水，不漏气。

在我国，沼气经过 100 多年的发展历程，形成了各种各样的沼气池。按储气方式划分，有水压式、浮罩式和气袋式三大类；按几何形状划分，有圆筒形、球形、椭球形等多种形状；按发酵机制划分，有常规型、污泥滞留型和附着膜型三大类；按埋设位置划分，有地下式、半埋式和地上式三大类；按建池材料划分，有砖结构池、石结构池、混凝土结构池、钢筋混凝土结构池、玻璃钢池、塑料池和钢丝网水泥池等；按发酵温度划分，有常温发酵池、中温发酵池和高温发酵池。

（一）旋流布料沼气池

1. 结构

旋流布料自动循环沼气池由进料口、进料管、发酵间、储气室、活动盖、水压酸化间、旋流布料墙、单向阀、抽渣管、活塞、导气管、出料通道等部分组成（见图 1-25）。根据料液循环方式的不同，分为旋流布料自动循环沼气池（见图 1-26）和旋流布料强制循环沼气池（见图 1-27）。

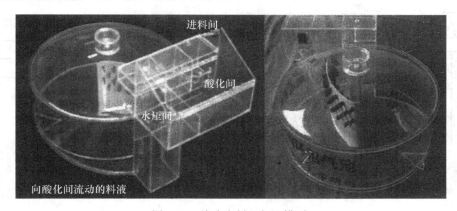

图 1-25　旋流布料沼气池模型

（1）进料口和进料管。进料口位于畜禽舍地面下，由设在地下的进料管与发酵间连通。

进料口将厕所、畜禽舍收集的粪污，通过进料管注入沼气池发酵间。进料管内径一般为 20～30 厘米，采取直管斜插于池墙中部（见图 1-26）或直插与池顶部的方式与发酵间连通，目的是保持进料顺畅、便于搅拌、施工方便。

（2）发酵间和储气室。是沼气池的主体部分，其几何形状为圆筒形，发酵原料在这里发酵，产生的沼气溢出水面进入上部的削球形储气间储存。因此，要求发酵间不漏水，储气间不漏气。

（3）水压间。主要功能是为了储存沼气，维持正常气压和便于大出料而必须设置的，其容积由沼气池产气量来决定，一般为沼气池 24 小时所产沼气的一半。水压间的下端通过出料通道（见图 1-27）与发酵间相连通，发酵完成的沼肥由此通道排向出料间。

（4）活动盖。设置于储气室顶部，起封闭活动盖口的作用。活动盖口是沼气池施工时通风采光和维修时进出及排除残存有害气体的通道。

（5）导气管。固定在沼气池拱顶最高处或活动盖上的一根内径 1.2 厘米，长 25～30 厘米的镀锌钢管、铜、铝或 ABS 工程塑料、PVC 硬塑管等，下端与储气室相通，上端连接输气管道，将沼气输送至农户厨房，用于炊事和照明。

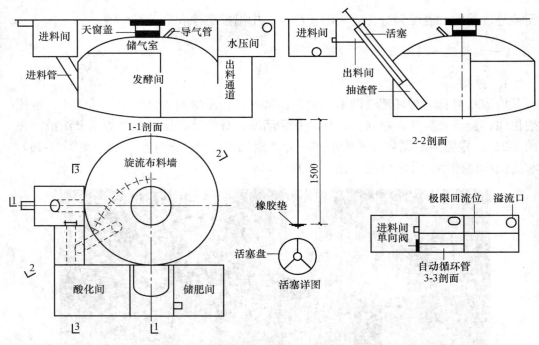

图 1-26　旋流布料自动循环沼气池示意图

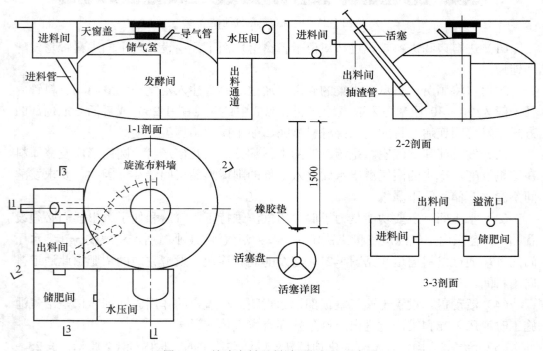

图 1-27　旋流布料强制循环沼气池示意图

（6）布料墙。圆弧形旋流布料墙将进、出料隔断，使人池原料必须沿圆周旋转一圈后，才能从出料通道排出。

（7）储肥间和盖板。在水压间旁边设置储肥间，通过溢流管与水压间连通，起限定最高气压和储存沼气发酵残余物的作用，以合理解决用气和用肥的矛盾。为了使用安全和环境美观，在进出料间上部、蓄水圈上部应设置盖板。

2. 功能和原理

该池型将菌种自动回流、自动破壳与清渣、微生物富集增殖、纤维性原料两步发酵、太阳能自动增温、消除发酵盲区和料液"短路"等新技术优化组装配套，利用沼气产气动力和动态连续发酵工艺，实现了自动循环、自动搅拌等高效运行状态，解决了静态不连续发酵沼气发酵装置存在的技术问题。

（1）菌种自动回流技术。利用沼气池产气动力将池内含有大量微生物的悬浮污泥压到水压间和酸化间，用气时流动性能好的含大量微生物的悬浮污泥经单向阀和进料管重新回流进发酵间，从而实现了菌种自动回流和料液自动循环（见图1-28）。

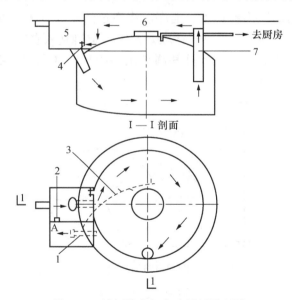

图 1-28　消短除盲与自动循环原理图

1—抽渣管；2—回流管；3—旋流布料墙；4—单向阀；5—进料口；6—水压酸化间；7—循环管

（2）消短除盲技术。在螺旋面池底上用圆弧形旋流布料墙将进、出料隔断，使入池原料必须沿圆周旋转一圈后，才能从出料通道排出，从而增加了料液在池内的流程和滞留时间，解决了标准水压式沼气池存在的微生物贫乏区、发酵盲区和料液"短路"等技术问题。

（3）微生物富集增殖技术。空隙率较高的旋流布料墙表面形成微生物附着、生长、繁殖的载体，通过沼气微生物的富集增殖，在其表面形成厌氧生物膜，从而固定和保留了高活性的微生物，减少了微生物的流失（见图1-29）。

（4）自动破壳技术。圆弧形旋流布料墙顶部和各层面的破壳齿在沼气池产气用气时，使可能形成的结壳自动破除、浸润，充分发酵产气，从而实现了自动破壳（见图 1-29）。

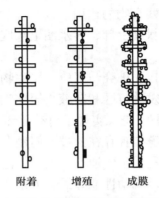

图 1-29　微生物成膜增殖与自动破壳原理图

（5）强制回流与清渣出料技术。池底沉渣通过活塞（见图 1-30）在抽渣管中上下运动，从发酵间底部抽出，既可直接取走，作为肥料施入农田，又可通过进料管，进入发酵间，达到人工强制回流搅拌和清渣出料的目的（见图 1-31），从而实现轻松管理和永续利用的目标。

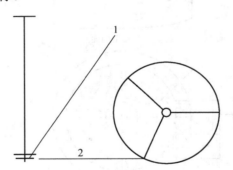

图 1-30　强制回流与清渣出料活塞图

1—橡胶片；2—活塞底盘

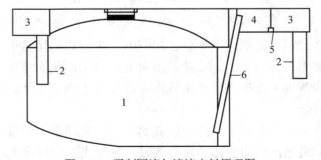

图 1-31　强制回流与清渣出料原理图

1—发酵间；2—进料管；3—进料间；4—出料间；5—循环管；6—抽渣管

（6）两步发酵技术。将秸秆等纤维性原料在敞口酸化池里完成水解和酸化两个阶段，酸化液通过单向阀和进料管自动进入发酵间发酵产气，剩余的以木质素为主体的残渣在酸化间内彻底分解后直接取出，从而解决了纤维性原料入池发酵出料困难的技术难题。

（7）太阳能自动增温技术。通过设置在水压间和酸化间上的太阳能吸热和增温装置对发酵料液自动增温，并通过单向阀和进料管，将加热后的料液自动循环进入发酵间，从而提高了发酵原料的温度，促进了产气率的提高。

3．工艺流程及特点

旋流布料自动循环沼气池工艺流程如图1-32所示。其工艺特点如下：

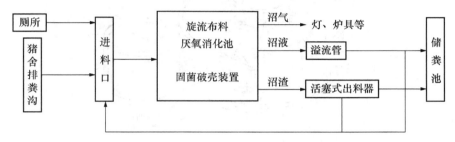

图1-32　旋流布料沼气池工艺流程

（1）通过螺旋形池底和圆弧形布料墙的合理布局及配合，消除了料液短路、发酵盲区和微生物贫乏区，延长了原料在发酵间中的滞留路程和滞留时间。

（2）通过圆弧形布料墙表面的微生物附着膜技术，固定和富集高活性厌氧微生物，避免了微生物随出料流失的发生。

（3）应用厌氧消化的产气动力和料液自动循环技术，实现了自动搅拌、循环、破壳等动态连续发酵过程，减轻了人工管理的强度。

（4）通过出料搅拌器和料液回流系统，达到人工强制回流搅拌和清渣出料的目的，从而实现轻松管理和永续利用的目标。

（二）曲流布料沼气池

1．结构特点

曲流布料沼气池有A、B、C等系列池型。C型结构由原料预处理池、进料口、进料管、布料板、塞流板、多功能活动盖、破壳输气吊笼、出料口、出料管、水压间、强回流装置、导气管、溢流口等部分组成，如图1-33所示。

图1-34为曲流布料沼气池A型池，池底部最低点在出料间底部，在5°倾斜扇形池底的作用下，形成一定的流动推力，利用流动推力形成扇形布料，实现主发酵池进出料自流，大换料时，不必打开活动盖，全部料液由出料间取出，管理简单方便，适合一般农户应用。该池型在发酵间内设置了布料板，使原料进入池内时，由布料板进行布料，形成多路曲流，增加新料扩散面，充分发挥池容负载能力，提高

池容产气率。扩大池墙出口，并在内部设塞流固菌板。池拱中央多功能活动盖下部设中心破壳输气吊笼，输送沼气入气箱，并利用内部气压、气流产生搅拌作用，缓解上部料液结壳。从水压间底部至原料预处理池上部，安装强制回流装置，可把水压间底部料液回流至预处理池，产生循环搅拌和菌种回流。

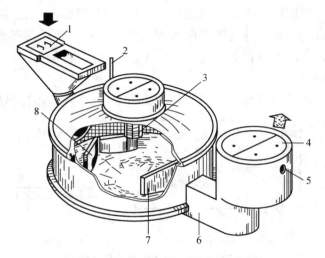

图 1-33　曲流布料沼气池示意图

1—进料口；2—导气管；3—破壳输气吊笼；4—水压间；5—溢流口；6—出料管；7—塞流板；8—布料板

2. 工艺特点

发酵原料为人粪尿、畜禽粪便（秸秆类原料进预处理池）；采用连续发酵工艺，维持比较稳定的发酵条件，使沼气微生物区系稳定，保持逐步完善的原料消化速度，提高原料利用率和沼气池负荷能力，达到较高的产气率；工艺本身耗能少，简单方便，容易操作。

3. 工艺流程

选取（培育）菌种→备料、进料→池内堆沤（调整 pH 和浓度）→密封（启动运转）→日常管理（进出料、回流搅拌）。

（三）强回流沼气池

1. 结构与功能

南方"猪一沼一果"能源生态模式，配套采用强回流沼气池。该池型由水压酸化池（草池）、发酵主池（粪池）、储气箱、进料管、出料管、活动盖、回流冲刷管、限压回流管、储水圈、导气管、出肥间、回流搅拌器组成（见图 1-35）。

（1）水压酸化池为顶置式半环形或方形设置，体积 2～2.5 立方米。是草料发酵间，酸化液和发酵液通过限压回流管循环回流，使池体兼好氧、厌氧发酵工艺于一体，扩大了农村发酵原料范围，有利于解决农村发酵原料不足问题。同时，也用于储水压气，维持沼气气压。与回流冲刷管连通，抽出其中的清沼液冲洗厕所。

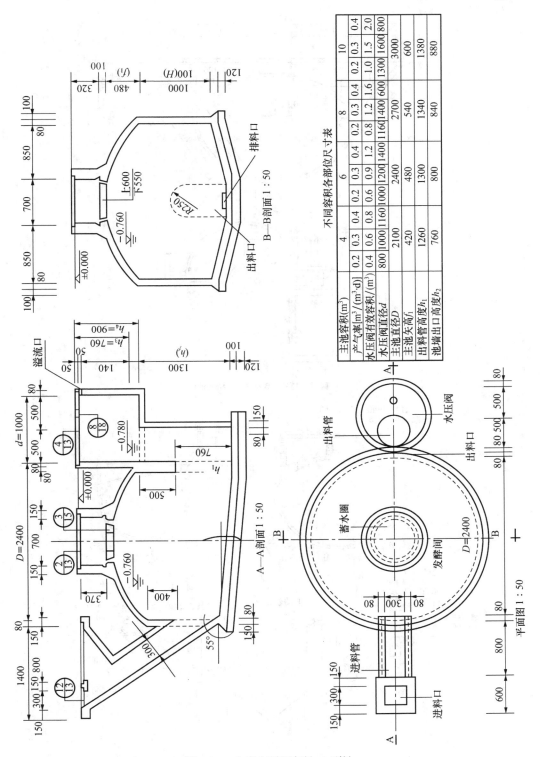

图 1-34 曲流布料沼气池 A 型池

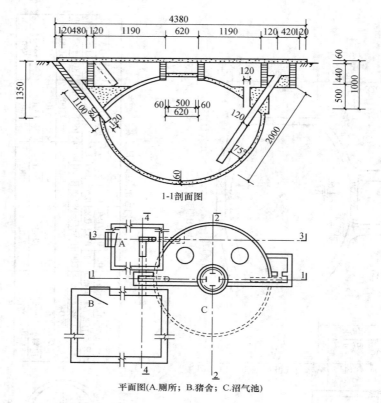

1-1剖面图

平面图(A.厕所；B.猪舍；C.沼气池)

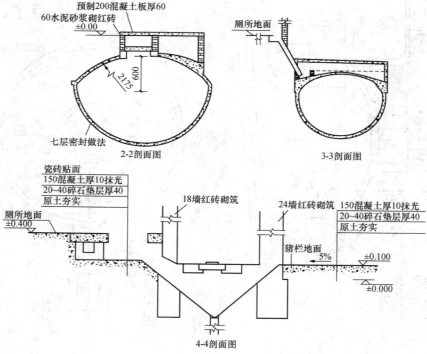

图 1-35　强回流沼气池

（2）发酵主池是沼气发酵的主体部件，可分为发酵和储气两部分。装料液面以上的空间部分称为储气箱，其作用是储存沼气。装料液面以下称发酵池，其作用是装料发酵，其容积大小可根据农户的实际情况，分别选用 6 立方米、8 立方米、10 立方米池容。农村养殖专业户可根据饲养规模确定池容。

（3）进料管、出料管是进料口、出料口与主池的连接通道。采取直管斜插方式，进出料管分别呈 60 度、75 度角安装在对称位置上，做到施工方便，进出料顺畅，搅拌方便。出料管与出肥间连通，进料口与猪舍、厕所的人畜粪沟连通，做到发酵料液自流入池。进出料管可以采用混凝土预制管或 PVC 管。

（4）活动盖设置在池顶，起着封闭活动盖口的作用。活动盖口是修池、建池和清渣时的通道，操作时可采光通风和排除残存有害气体。

（5）回流冲刷管在靠近厕所的水压酸化池处安装。一端安装单向阀门，紧靠水压酸化池底部，另一端与厕所的粪槽或大便器连通，以抽取水压酸化池清液冲洗厕所，改传统旱厕为水冲厕所。

（6）储水圈设置在池顶活动盖外圈，圈内储水以使活动盖密封胶泥处于潮湿状态，以保持密封性能。

（7）回流搅拌器是用直径 ϕ10～12 钢筋和胶皮制成的活塞，其作用是在出料管和回流冲刷管内抽取沼液或沼渣，达到出料搅拌、回流冲刷的目的。

此外，沼气池进料口、出料口、出肥间、水压酸化池、储水圈的盖板，也是必不可少的部件，其作用是保持环境卫生和人畜安全。

2．工艺流程

强回流沼气池将水压箱改为顶置式半环形或长方形水压酸化池，实行粪草两相分离和连续式发酵，增设出料管，并与厕所和猪舍有机结合，使沼气池的发酵原料分解率、利用率得到提高。

（四）分离储气浮罩沼气池

1．构造

分离储气浮罩沼气池由进料口、进料管、厌氧池、溢流管、出料搅拌器、污泥回流沟、排渣沟、储粪池、浮罩、水封池等部分组成，如图 1-36 所示。

（1）厌氧发酵池。厌氧发酵池是分离储气浮罩沼气池的主件，它分为两种类型，一种是在厌氧池中放入生物填料，另一种是不放生物填料的。其他结构与一般水压式沼气池基本相同，不同的是进出料装置的位置有改变。厌氧池底成锅铲形（竖向剖面），坡向出料装置。为了支撑生物填料，沿池壁设 2～4 层支墩，每层均布 4 个，层间距离应高出所夹生物填料厚度 50～150 毫米，底层支墩距池底应大于 300 毫米。支墩与池身浇筑在一起，可用红砖预埋。生物填料可用竹枝（去叶或称竹尾）、竹球等。填料要求孔隙率大（90%以上），不易堵塞，具有一定硬度。填料应上部密，下部稀，共设 2～3 层，每层厚 150～300 毫米。

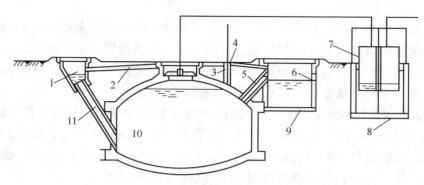

图 1-36　分离储气浮罩沼气池

1—进料口；2—污泥回流沟；3—出料搅拌器；4—排渣沟；5—溢流管；6—溢流口；
7—浮罩；8—水封池；9—储粪池；10—厌氧池；11—进料管

（2）进出料系统。进料管采用直管斜插方式，从底部进料，管径为 200～300 毫米。溢流管安装在厌氧池的顶部，采用直管斜插，插入发酵液内的深度必须大于池内最大气压时液面的下降值，其管径为 80～150 毫米。发酵液一般由溢流管自流排出，只是在厌氧池底部沉渣过多时，使用出料装置出料。出料装置采用提搅式出料器或底部闸阀，具有结构简单、出料容易的特点，并兼有轻微搅拌的作用。出料装置安装在紧靠池壁的池底最低处，排出的料液大部分排入储粪池，少部分用做污泥回流，排入进料管。出料装置直径一般为 100～150 毫米。提搅器是由一根插入池底，上面露出地面的混凝土套筒、活塞、出料活门组成，扬程可达 2 米以上，每分钟可出沉渣 60 千克左右。一个 8 立方米的沼气池，只需 2～3 小时就可以把沉渣和沼液抽出来，出净率在 80% 以上。

（3）储气装置。储气浮罩用输气管与发酵池和燃气具连接，主要作用是储存沼气，稳定气压，增加发酵池有效容积。水封池为储气浮罩的水封装置。浮罩为分离式，可采用水泥沙浆、GRC 材料、红泥塑料等价格便宜、密封性能好、经久耐用的材料制作。厌氧池的沼液也可通过溢流管排入浮罩水封池，做二级厌氧发酵。水封池的沼渣、沼液流入储粪池。储粪池的大小根据用户要求确定。

（4）污泥回流和储粪池污泥回流沟。设置在发酵池顶部，与进料口和出料搅拌器连接。作用是把从池内底部抽出的含菌种较多的污泥，回流到进料口进入池内进行搅拌，使菌种和新鲜原料混合均匀。排渣沟设在发酵池顶部，与出料搅拌器和储粪池连接。发酵池排渣时，把渣液导向储粪池。储粪池与溢流管及排渣沟连接，主要用于储存每天从溢流管排出的料液和从发酵池底部抽出的渣液。储粪池的容积一般在 1 立方米左右，其结构形式可根据场地大小确定，圆形方形均可。

2. 工艺流程

分离储气浮罩沼气池发酵工艺是根据沼气发酵的原理，使沼气池内尽量保留较多的活性高的微生物，并使之分布均匀与发酵原料充分接触，以提高其消化能力。

发酵原料为畜禽粪便，从上流式厌氧池底部进料，经发酵产气后，沼液从上部通过溢流管溢流入储粪池。沼渣通过设置在其底部的提搅器或闸阀排入储粪池，部分回流入进料管，起到搅拌和污泥菌种回流的作用，加快发酵原料的分解，所产沼气储存在浮罩内，供用户使用。其发酵工艺流程如图 1-37 所示。

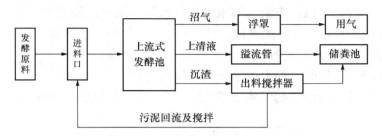

图 1-37　分离储气浮罩沼气池发酵工艺流程

3. 工艺特点

（1）采用厌氧接触发酵工艺，发酵工艺先进，产气率高，池容产气率平均可达 0.15～0.3 立方米/（立方米·天），可保证用户全年稳定供气。

（2）采用溢流管溢流上清液，出料搅拌器抽排沉渣，出料方便，不需每年大出料，运行和产气效果好。

（3）采用菌种回流技术，保证了发酵池内较高的菌种含量。

（4）采用浮罩储气，储气量大，发酵池有效容积高达总容积的 95%～98%；气压稳定，能满足电子打火沼气灶、沼气热水器等用气的压力要求；池内压力小，发酵池使用寿命长。

（五）商品化沼气池

1. 玻璃钢沼气池

（1）构造将球体或扁球体沼气池分割成上、下半球体，用玻璃纤维布和聚酯不饱和树脂等组成的玻璃钢材料，按设计的商品化沼气池部件模具分别加工玻璃钢沼气池结构部件，通过树脂黏结和螺栓密封垫连接的方式，将部件组装在一起，即构成玻璃钢商品化沼气池。

（2）特点如下：

① 玻璃钢材料强度高、性能稳定、可靠，使用寿命不低于 20 年。

② 玻璃钢户用沼气池重量轻，运输方便，节省大量劳力。

③ 商品化程度高，工厂进行标准化生产，安装方便，建设周期短。

④ 密封性能好，沼气中甲烷含量高。

⑤ 技术含量高，管理使用方便。

2. 塑料沼气池

（1）构造将获国家专利申请号（200420033391.9）的扁球形沼气池分割成若干个池体结构单元，用压模成型机将改性工程塑料压制成池体结构单元，通过塑料焊接技术（专利申请号：200420033585.9），将池体结构单元焊接起来，即构成整体塑料沼气池。

（2）特点如下：

① 改性工程塑料强度完全能够承受户用水压式沼气池最大气压下的运行荷载。

② 池型结构合理，埋置深度浅，发酵面积大，抽料、搅拌装置与主发酵池体合理组合，保证沼气池长期运行不会因料液沉淀产生堵塞。

③ 重量轻，造价低，便于运输，组合安装方便。

④ 进、出料口设计有利于建设"三结合"户用沼气系统，管理使用方便。

思考复习题

1. 消费者的含义是什么？它有什么特点？

2.《中华人民共和国消费者权益保护法》有什么作用？

3.《中华人民共和国节约能源法》包含哪些内容？它有什么作用？

4.《中华人民共和国环境保护法》包括哪些内容？它有什么作用？

5. 沼气管理工是从事什么职业的人员？

6. 什么是道德？它有什么作用？

7. 什么是职业道德？它包含哪些内容？

8. 沼气管理工的职业道德包括哪些内容？

9. 沼气管理工如何做好自身的职业道德修养？

10. 沼气管理工职业守则包括哪些内容？

11. 什么是沼气？它是从什么地方产生的？

12. 沼气发酵微生物有什么特点？

13. 沼气发酵应具备什么条件？各条件应如何调控？

14. 沼气池分为哪些类型？各种类型有什么特点？

第二章 发酵装置运行维护

第一节 原料预处理

一、原料种类与数量

　　沼气是有机质在厌氧的环境条件下，经微生物分解发酵所产生的可燃性混合气体。根据其来源、产生原料等，有人又称其为污泥气、粪气、阴沟气、生物气。沼气分为天然沼气和人工沼气两大类型。天然沼气是在自然环境条件下，有机质被微生物厌氧分解产生的，是自发的厌氧发酵的产物。这种自发的厌氧发酵没有固定的装置和特设的条件，所产生的沼气不便收集和利用，如沼泽地、池塘水面和猪圈坑的污水中，常有气泡冒出，可点燃，这就是天然沼气。人工沼气是在人为创造厌氧微生物所需要的营养条件和环境条件下，在特定的装置里，积累高浓度厌氧微生物，分解发酵配制好的有机物质而产生的。人工厌氧发酵速度比自然界自发的厌氧发酵速度快得多，所产生的沼气便于收集，有很高的利用价值。

　　人们为了获取生物能和其他方面的效益，根据沼气形成的原理，进行人工制沼气，已有近百年的历史，并取得了较大的进展，从沼气发酵微生物、发酵过程、原料性质、工艺条件、消化装置等诸方面都进行了研究。

　　农村沼气发酵原料主要有各种作物秸秆、落叶、杂草、畜禽粪便、人粪尿、生活垃圾、乡镇企业工厂有机废渣、废水和各种农副产品加工的下脚料等农业废弃物。

　　原料是生产沼气的物质基础。建造沼气池之前应视原料的多少来确定池容。沼气池建造过大，会形成无"米"之炊，且造成建池材料的浪费；池子建的太小，不能满足用气要求，也达不到完全处理废弃物的目的。所以掌握各种原料的产量和收集量是建池的依据之一。

（一）人、畜禽粪便排泄量

人、畜禽粪便排泄量分理论值和实测值两种。粪便排泄量受机体代谢状况、个体大小、食物种类、季节变化等多种因素的影响。近似值见表2-1，实测值见表2-2。

表2-1　人、畜禽粪便排泄量（理论）（单位：千克）

项目 个体	体重	一昼夜排泄量			一年排泄量		
		粪	尿	合计	粪	尿	合计
人	50	0.5	1.0	1.5	182.5	365.0	547.5
猪	50	6.0	15.0	21.0	2190.0	5475.0	7665.0
牛	500	20.0	34.0	54.0	7300.0	12410.0	19710.0
马	500	10.0	15.0	25.0	3650.0	5475.0	9125.0
羊	15	1.5	2.0	3.5	547.5	730.0	1277.5
鸡	1.5	0.1	0.0	0.1	36.5	0.0	36.5

表2-2　猪、牛、马日排粪尿实测值（单位：千克）

项目			日排粪量					日排尿量				
			春	夏	秋	冬	平均	春	夏	秋	冬	平均
猪	母猪	大（100以上）	8.60	9.40	8.00	6.60	8.15		10.90	14.75	11.75	12.45
		中（50~100）	4.35	4.65	5.40	4.30	4.67		9.35	13.90	10.40	11.20
		小（50以下）	3.60	3.50	4.30	3.00	3.60			10.90		10.90
	架子猪	特小（25以下）	2.00	2.00	2.05	1.65	1.92		4.50	4.70	3.25	4.15
		小（25~50）	3.90	2.90	3.50	2.75	3.26		6.50	7.70	9.05	7.75
	肥猪	大（100以上）	5.20			5.40	5.30		7.50	8.70	7.50	7.90
		中（75~100）	5.85	5.20	4.70	4.40	5.03					
		小（50~75）		6.25	4.20	4.25	4.90		8.05	8.60	8.20	8.20
牛	黄牛	大（150以上）	9.25	8.50	8.45	8.40	8.65					
		中（50~150）	6.05	7.55	6.85	7.55	7.00					
		小（50以下）	4.10	4.75	6.50	6.50	5.46					
	水牛	大（200以下）	11.20	24.60	25.20	24.00	21.20					
		中（200以下）	9.90	12.00	13.40	13.00	12.10					
马		150	7.20	7.10	6.85	4.20	6.33					

（二）其他原料产量

其他发酵原料主要是秸秆类。谷物与秸秆重量之比按1：1.1计算。近几年，为广辟原料来源，充分利用水面和空间，种植、养殖能源植物，如水葫芦（水风信子、水百合）、喜旱莲子草（水花生）、浮萍、水草等高产易种的能源植物发展很快，海藻、单细胞藻类也有发展。工业产品与其生产废水之比大体在 1∶13 以上；生活垃圾每人每天大约为 1 千克，如此折算，待处理的废渣水、垃圾、人畜粪尿数量相当可观。

（三）原料体积与重量的换算

在农村制取沼气，有时因条件所限，需把物料的体积折算成重量，进行粗略的浓度计算，拿捏原料体积与重量的换算关系，可给沼气的生产带来许多方便。根据有关资料和实际测定有关原料体积与重量的换算关系列入表 2-3。

表 2-3 原料体积与重量的换算

原料名称	1 立方米原料重（吨）	1 吨原料的体积（立方米）	备注
鲜牛粪	0.70	1.43	
鲜马粪	0.40	2.50	新堆
猪粪	0.51	1.96	原料
禽粪	0.30	3.33	
羊圈粪	0.67	1.49	
灰土粪	0.66	1.52	
土粪	0.41	2.43	
旧沼渣	1.00	1.00	
堆沤秸秆	0.35	2.85	
混合干草	0.055	18.18	
小麦秸	0.038	26.32	
大麦秸	0.048	20.83	

二、原料的成分

原料中除去水分以后的总量为总固体，又称干物质或蒸发残留物，用符号 TS 来表示。各种原料通常都含有不同比例的水分，其含水量的多少随原料种类、生长期、存放环境、存放时间等不同而异。沼气发酵配料常以总固体为基础进行计算，掌握原料的总固体含量对备料和发酵浓度的计算、原料碳氮比的计算都有直接关系。

挥发性固体是指一定量的总固体在（550±50）℃温度下灼烧 3 小时，挥发掉的部分，用符号 VS 表示。有机物一般都是可挥发的，挥发性固体大体可代表原料中有机物的比例，知道原料的挥发性固体含量，就可根据原料的产气参数预先估算沼气的产量。几种常用原料的总固体和挥发性固体含量近似值见表 2-4。

表 2-4　原料的总固体和挥发性固体*

原料名称	含水量（%）	总固体（%）	挥发性固体（%）
干稻草	17.0	83.0	84.0
干麦草	18.0	82.0	83.2
玉米秸	20.0	80.0	89.0
青草	76.0	24.0	81.3
高粱秸	10.2	89.8	81.9
树叶	70.0	30.0	81.0
大豆茎	10.3	89.7	85.5
花生茎叶	11.6	88.4	
人粪	80.0	20.0	88.4
猪粪	82.0	18.0	83.9
牛粪	83.0	17.0	74.0
马粪	78.0	22.0	83.8
羊粪	25.0	75.0	
鸡粪	70.0	30.0	82.2
风干粪	35.0	65.0	

* 挥发性固体含量是相对总固体而言。

　　原料的碳氮比是指原料中碳素总量与氮素总量的比例。各种原料的碳素和氮素含量不等，通常称含碳素高的原料为富碳原料，称含氮素高的原料为富氮原料。沼气微生物对原料碳氮比有一定的要求，沼气发酵配料的合适与否常以原料的碳氮比来衡量，一般认为原料的碳氮比在 20∶1～30∶1 为好。沼气发酵适宜的碳氮比与原料性质有关，同时也受微生物区系和发酵条件等多种因素的影响，所以提供的碳氮比的幅度较大。

　　值得注意的是，不是所有的碳素和氮素都能被沼气微生物所利用，如木质素也是碳源，但试验证明，这种碳素几乎不能被沼气发酵微生物利用。一般认为可溶性的碳素、氮素容易被分解利用。故配料时还应考虑碳素与氮素的性质。不同的原料碳氮比不同，几种常用原料的碳氮比见表 2-5。

表 2-5　几种原料的碳氮比

原料名称	碳素占原料比例（%）	氮素占原料比例（%）	碳氮比（C∶N）
干麦草	46.0	0.53	87∶1
干稻草	42.0	0.63	67∶1
玉米秸	40.0	0.75	53∶1
树叶	41.0	1.00	41∶1
大豆茎	41.0	1.30	32∶1
野草	14.0	0.54	26∶1
花生茎叶	11.0	0.59	19∶1
鲜牛粪	7.3	0.29	25∶1
鲜马粪	10.0	0.42	24∶1
鲜猪粪	7.8	0.60	13∶1
鲜羊粪	16.0	0.55	29∶1
鲜人粪	2.5	0.85	2.9∶1
鸡粪	25.5	1.63	15.6∶1

三、原料的产气性能

各种原料因组分不同，产气性能各异。从产气潜能的大小、产气速度的快慢到气质的好坏，都存在着一定的差别。掌握其产气性能对提高产气串和原料分解率都有很好的指导作用。

（一）原料的产气潜能

原料的产气潜能是指在适宜的发酵条件下，一定量的原料在一个发酵周期内所能产生的沼气总量，通常用每公斤干物质可产沼气多少升表示。掌握原料的产气潜能，可根据原料的多少和用气量等指标确定沼气池的容积，便于建池和发酵的准备。

农村沼气发酵原料产气潜能的释放受发酵条件、发酵工艺、装置类型、管理技术等诸多因素的影响，现场实测值往往低于室内小试测定值和理论计算值。所以若制取一定量的沼气，实际用料要比理论计算用料大得多。原中国沼气协会发酵学组对各种原料的产气潜能进行了多次测试，其结果见表2-6。

表 2-6　种原料的产气潜能

原料	产气潜能 L/(kg·TS)	甲烷含量（%）	发酵条件
麦秸	425	60.0	
稻草	409	61.0	
玉米秸	442	59.0	
高粱秸	386	63.0	温度 35℃
青草	455	63.0	发酵周期秸秆
树叶	252	58.0	90 天
人粪	426	68.0	粪便 60 天
猪粪	425	65.0	浓度 2%和 6%
马粪	340	63.6	
牛粪	300	59.0	
鸡粪	310	67.0	

（二）原料的产气速率

所谓原料的产气速率是指在适宜的发酵条件下，原料产生沼气的速度。一般以某段时间内的沼气产量占总产气量的百分数来表示。

沼气发酵原料在沼气发酵过程中，产气快的称速效性原料，产气慢的称迟效性原料。各种原料产气速率的大小与其自身的组成成分、性质等内因有关，同时也受发酵条件、发酵工艺、装置类型等多种外因的影响。测定原料的产气速率必须在相对稳定的适宜的条件下进行。原中国沼气协会沼气发酵学组对有关原料的产气速率进行了测试，为沼气生产的配料和日常管理提供了科学依据，其测试结果见表2-7。

表2-7　几种原料的产气速率*

项目 原料	原料产气量占总气量的（%）						
	10 天	20 天	30 天	40 天	50 天	60 天	90 天
人粪	40.7	81.5	94.1	98.2	98.7	100	
猪粪	46.0	78.1	93.9	97.5	99.1	100	
马粪	63.7	80.2	89.0	94.5	98.5	100	
牛粪	34.4	74.6	86.2	92.7	97.3	100	
青草	75.0	93.5	97.8	98.9	99.1	100	
干麦草	8.8	30.8	53.7	78.3	88.7	93.2	100

* 发酵温度35℃，浓度为2%和6%。

由表2-7可以看出，人畜粪便和青草产气速度快，发酵周期一般为60天。秸秆类产气慢，发酵周期为90天，在常温下，发酵周期还要长些。用混合原料发酵时，速效性原料和迟效性原料应搭配使用，以便产气快，又持久。

（三）几种慎用的原料

在自然界里，几乎所有的有机质都可用于沼气发酵，一般讲，能进行好氧处理的任何有机废物都可以作为厌氧发酵的原料，如各种作物秸秆、杂草、树叶、水生植物、城市垃圾、污泥、工业废水和废渣等，都是沼气发酵的好原料。但也有例外，研究指出，桃叶、皮皂子（果）、元江金光菊、元江黄苹、大蒜、马钱子、植物生物碱、地衣酸、安息香酸等，对沼气发酵有较大的抑制作用，不宜作为发酵原料，培育能源植物和选用发酵原料时应注意。

四、原料产气量的计算和表示法

原料产气量是设计沼池容积的重要依据。原料的产气量可通过潜能试验进行测定，但比较麻烦，试验条件要求很严，否则测定数值不准确。同时潜能试验需消耗一定的时间，需要一定的条件。在无条件的情况下，可通过理论计算，即通过巴斯维尔（Buswell）公式大体计算出原料产气量的理论值。

（一）原料产气量的计算

巴斯维尔（Buswell）等人研究发现，原料在厌氧条件下经微生物分解发酵，最终生成的是气态产物，其主要成分是甲烷和二氧化碳。在发酵过程中生成的气体量和气体成分取决于该种发酵原料即有机质的化学组成。各种有机质厌氧消化反应可由以下化学平衡式即巴斯维尔公式表示：

$$C_mH_aO_b+\left(m-\frac{a}{4}-\frac{b}{2}\right)H_2O=\left(\frac{m}{2}-\frac{a}{8}+\frac{b}{4}\right)CO_2+\left(\frac{m}{2}+\frac{a}{8}-\frac{b}{4}\right)CH_4 \qquad (2\text{-}1)$$

式中　　$C_mH_aO_b$——有机质；

　　　　m——碳原子数；

　　　　a——氢原子数；

　　　　b——氧原子数。

利用这个公式就可以大体计算出各种有机质的沼气产量和气体组成。如以脂肪酸为原料进行沼气发酵，脂肪酸的通式为 $CH_3(CH_2)_nCOOH$，其中 $m=n+2$，$a=2n+4$，$b=2$，代入反应式（公式 2-1），

$$CH_3(CH_2)_nCOOH+\left(n+2-\frac{2n+4}{4}-\frac{2}{2}\right)H_2O$$
$$=\left(\frac{n+2}{2}-\frac{2n+4}{8}+\frac{2}{4}\right)CO_2+\left(\frac{n+2}{2}+\frac{2n+4}{8}-\frac{2}{4}\right)CH_4 \qquad (2\text{-}2)$$

根据巴斯维尔公式，脂肪、蛋白质、碳水化合物沼气发酵的理论产气量见表 2-8。

表 2-8　几种有机质的沼气产量

项目 有机质	干物质产气量（升/千克）		气体成分（%）	
	沼气	甲烷	甲烷	二氧化碳
碳水化合物	750	370	50	50
类脂化合物	1400	1040	72	28
蛋白质	980	490	50	50

对于未知组分的混合物可用常规分析法测定其蛋白质、脂肪、纤维素（按碳水化合物计）、挥发性脂肪酸（按乙酸计）等含量，然后根据上述方法计算其产气量及气体组分。

（二）产气量的表示法

原料产气量有时又称原料产气潜能，但原料产气量一般是指原料所产生的沼气总量，产气潜能则往往指单位重量或单位体积的原料在适宜的条件下，经微生物厌氧发酵所产生的沼气总量，它表示某种原料的产气能力。

原料产气量的计量单位较多，有原料干重表示法、挥发性固体表示法、生物耗氧量表示法和化学耗氧量表示法等多种计量单位，各表示法的优缺点见表 2-9。

表 2-9　原料产气量的表示法

计算基础	计量单位	优缺点比较
风干原料	L/kg m³/t	表达不够确切，试验中不用，生产中可用来进行产气量的估算

续表

计算基础	计量单位	优缺点比较
总固体	L/(kg·TS) m³/(t·TS)	表达确切，测试方便，可用于试验和生产，是原料产气量的常用单位
挥发性固体	L/(kg·TS) m³/(t·TS)	表达确切，但需测试原料的VS，常用于试验中，生产中不常用，有时进行理论计算可采用
生物耗氧量	L/(kg·BOD) m³/(t·BOD)	常用于污水处理工程，表达确切，但需一定测试手段
化学耗氧量	L/(kg·COD) m³/(t·COD)	污水处理工程中常用，表达确切，要求一定测试手段
料液容积	L/(L 料液) m³/(m³ 料液)	表达不确切，试验中不常用，生产中估计总产气量时可采用

五、沼气发酵原料预处理

（一）沼气发酵原料的浓度

沼气发酵原料的浓度又称料水比。掌握适当的料液浓度对沼气发酵的研究具有很重要的意义。沼气池最适宜的发酵浓度，随着季节的交替（即发酵温度不同）而相应地变化。一般说来，沼气池发酵浓度的变化范围为6%～12%，夏季浓度以6%～10%为宜，低温季节浓度的变化范围10%～12%为佳。

可以用简便的方法来测定各种原料所含干物质和水分的比例：将准备好的原料充分搅拌均匀，从中取出少量的混合原料，晒干或烘干，直至质量稳定为止。一般原料都含有大量的水分，常用沼气发酵原料的含水量见表2-10。

表2-10　常用沼气发酵原料的含水量

原料名称	鲜人粪	鲜人尿	鲜猪粪	鲜猪尿	鲜牛粪	鲜羊粪	鲜马粪	鲜鸡粪	干稻草
含水量（%）	80	99.6	82	96	83	60	76	70	17
干物质含量（%）	20	0.4	18	4	17	40	76	30	83

原料名称	干麦草	玉米秆	油菜秆	花生藤	蚕豆壳	青草	污泥	一般风干粪	
含水量（%）	18	20	17	12	28	76	78	30~40	
干物质含量（%）	82	80	83	88	72	24	22	60~70	

（二）碳氮比

碳氮比是指发酵原料中所含的碳素和氮素量之比，常用符号用 C/N 表示。沼气发酵原料的碳氮比，是根据微生物需要的营养物质而定的。碳元素为沼气微生物的生命活动提供能源，又是形成甲烷的主要物质。氮元素是构成沼气微生物细胞的主要物质。微生物对碳素和氮素的需求量有一定的比例。如沼气发酵原料中的碳氮比过高，例如30：1以上，发酵就不易启动，而且产气效果不好。在农村发酵原料中，通常根据碳氮的含量多少将原料分为两类。一类是富氮原料，主要是指人、畜和家禽的粪便。这类原料的颗粒较细，含有较多的低分子化合物，氮素含量较高，碳氮比一般小于30：1见表2-11。其产气特点是发酵周期短，容易分解，产气速度快，单位原料的总产量比农作物秸秆低。另一类是富碳原料，主要是指农作物秸秆。它的碳素含显较高，碳氮比一般在30：1以上。农作物秸秆通常是内木质素、纤维素、半纤维素、果胶和蜡质等化合物组成，其产气特点是分解速度较慢，产气周期较长，但单位原料总产气量较高。因此使用这种原料在入池前要进行预处理，以便提高产气效果。

表2-11 常用沼气发酵原料的碳氮比（近似值）

	原料	碳素占原料质量（%）	氮素占原料质量（%）	碳氮比
粪便类	鲜羊粪	16	0.55	29：1
	鲜牛粪	7.3	0.29	25：1
	鲜马粪	10	0.42	24：1
	鲜猪粪	7.8	0.60	13：1
	鲜鸡粪	35.7	3.70	9.65：1
	鲜人粪	2.5	0.85	2.9：1
	鲜人尿	0.4	0.93	0.43：1
秸秆类	干麦草	46	0.53	87：1
	干稻草	42	0.63	67：1
	稻壳	40	0.60	66：1
	玉米秆	40	0.75	53：1
	落叶	41	1.00	41：1
	大豆茎	41	1.30	32：1
	野草	14	0.54	27：1
	花生藤	11	0.59	19：1
	红薯藤叶	36	5.3	6.8：1
	红花草子茎	44.3	1.4	33：1
	蚕豆茎	40.9	1.94	21：1
	油菜茎	38.4	2.09	18：1
	马铃薯茎	36.8	2.13	17：1
	水浮莲	23.6	1.42	17：1
	水葫芦	30.4	3.12	10：1
	水花生	34.5	3.89	9：1

碳氮比对厌氧消化的影响问题，国内外科学家都进行过大量的研究，而结论并不一致。一般原料的碳氮比介于(15～30)：1，即可正常发酵。一旦达到35：1时，

产气量明显减少。但是也有说法认为碳氮比为 16：1 和 13：1 时产气率高。根据科研部门和我国农村沼气发酵的试验和经验，投入原料的碳氮比以(20～30)：1 的比例配比为宜。

不同形式的碳素，被微生物利用的难易程度很不一样。例如纤维素、半纤维素、葡萄糖、木质素都是碳水化合物，它们都含有碳素。但葡萄糖就很容易被沼气微生物利用产生沼气；微生物对氮素的利用也是如此。

当碳氮比过小时，过量的氮变成可溶性氮。导致料液"氨中毒"，会使发酵停止。

混合原料的碳氮比为各种原料碳量和与氮量和之比，即：

$$K = \frac{C_1 X_1 + C_2 X_2 + C_3 X_3 + \cdots}{N_1 X_1 + N_2 X_2 + N_3 X_3 + \cdots} = \frac{\sum C_i X_i}{\sum N_i X_i}$$

式中　C_1、C_2、C_3、$\cdots$、C_i——碳素的质量分数，%；

　　　N_1、N_2、N_3、$\cdots$、N_i——氮素的质量分数，%；

　　　X——原料质量；

　　　K——碳氮比。

每立方米池容实际投料量计算：按照上述计算，根据混合原料的碳氮比，结合不同季节对总固形物含量的要求及接种物数量的多少，即时计算出不同原料的每立方米池容实际需要量（表 2-12）。

表 2-12　每立方米池容需料量（参考值）

配合原料	配料时期	干物质浓度/%	接种物比例/%	用料重量比
鲜牛粪：水	夏季	6	10	267：533
			30	233：467
	春秋	10	10	444：356
			30	389：311
人粪：秸秆：水	夏季	6	10	48：48：704
			30	42：42：616
	春秋	10	10	80：80：640
			30	70：70：560
人粪：鲜猪粪：秸秆：水	夏季	6	10	41：41：41：677
			30	36：36：36：593
	春秋	10	10	68：68：68：596
			30	59：59：59：522
人粪：鸡粪：秸秆：水	夏季	6	10	19：19：49：714
			30	16：16：42：625
	春秋	10	10	31：31：81：657
			30	27：27：71：575
鲜猪粪：人粪：牛粪：水	夏季	6	10	58：29：187：526
			30	51：26：164：460
	春秋	10	10	97：49：311：343
			30	85：43：273：300

（三）原料的预处理

农作物秸秆碳素含量高，其碳氮比＞30∶1。秸秆由木质素、纤维素、半纤维素、果胶和蜡质等化合物组成进行沼气发酵。秸秆难于消化，其中的木质素是一种很难被细菌分解利用的物质，而纤维素的分解也比较慢。所以，农业废物发酵时的分解率一般只有50%左右。而可溶性原料就较容易消化，进行沼气发酵时，废水中的可溶性有机质往往可去除90%以上。

秸秆表面有一层蜡质，不容易被沼气微生物所破坏。如果秸秆直接下池会大量漂浮结壳，而未被充分利用分解，所以必须进行预处理。常用的预处理方法有以下几种：

1. 切碎或粗粉碎

用铡刀将秸秆切成60毫米左右长短，或进行粗粉碎。这样不仅可以破坏秸秆表面的蜡质层，而且增加了发酵原料与细菌的接触面，可以加快原料的分解利用。同时，也便于进出料和施肥时的操作。经过切碎和粗粉碎的秸秆下池发酵，一般可以将产气量提高20%左右。

2. 堆沤处理

堆沤处理是先将秸秆进行好氧发酵，然后再将堆沤过的秸秆下沼气池进行厌氧发酵。秸秆经过堆沤后，纤维素变得松散，这样扩大了纤维素与细菌的接触面，可以加快纤维素的分解，进而加快沼气发酵过程的进行；通过堆沤可以破坏秸秆表面的蜡质层，下池后不易浮料结壳。

堆沤的方法有两种：一种是池外堆沤，先将作物秸秆铡碎，起堆时分层加入占干料重1%～2%的石灰或草木灰，用以破坏秸秆表面的蜡质层，并中和堆沤时产生的有机酸。然后再层层泼一些人畜粪尿或沼气液肥、污水，加水量以使料地下部不流水，而秸秆充分湿润为度。料堆上覆盖塑料薄膜或糊一层稀泥。堆沤时间夏季2～3天，冬季5～7天。当堆内发热烫手时，立即翻堆，把堆外的翻入堆内，并补充些水分，待大部分秸秆颜色呈棕色或褐色时，便可投入沼气池内发酵。

另一种方法是池内堆沤。池内堆沤与池外塔沤相比，其能量和养分损失要少一些，而且可以利用堆沤时所产生的热量来增高池温。新池进料前应先取出沼气池内试压的水，老池大换料时也要把发酵液基本取出（留下菌种部分），然后按配料比例配料，可以在池外拌匀后装入沼气池；也可以将粪、草分层，一层一层地交替，均匀装入池内。草料必须充分湿润，但池底基本不能积水。将活动盖口用塑料薄膜盖好，当发酵原料的料温上升到50℃时（打开活动盖口塑料薄膜时有水蒸气），再加水至零压水位线，封好活动盖。使用这种方法，能够使池温增高，及早产气。

动物粪便属于富氮性原料，其碳氮比＜25∶1。粪便类原料的颗粒较细，含有较多低分子化合物，原料分解产气速度快，不必进行预处理。

3. 接种物

接种物是指为了加快沼气发酵的启动速度和提高沼气产气量而向沼气池中加入的富含沼气微生物的物质。在一般的沼气发酵原料和水中，沼气微生物的含量比较少，靠其自己繁殖，不利于尽快产气。所以在新池投料和老池大换料的时候，一定要添加30%含有大量沼气微生物的接种物，这样才能保证沼气发酵的顺利进行。

大自然里，产甲烷菌群的接种物分布是比较广的，如沼泽、池塘污泥，以及老粪坑底脚污泥，屠宰场阴沟污泥，酒厂、豆制品厂废水污泥，沼气池沉渣表面污泥等，都可做沼气发酵的菌种。由于各种厌氧消化污泥中含有大量的沼气微生物，具有很高的生物活性，所以又称"活性污泥"。

如果当地接种物难以获得或数量不足时，可以采取扩大富集培养的方法，把少量的接种物加以增殖，然后逐步扩大，作为沼气发酵的接种物。

4. 浓度

沼气发酵料液的浓度是指沼气发酵料液中发酵物质的质量分数。采用发酵物质总固体（TS）表示的称作总固体浓度（TS%），采用挥发性固体（VS）表示的称作挥发性固体浓度（VS%）。例如，100千克发酵液中含总固体8千克，则总固体浓度（TS%）：8%；100千克发酵液中含挥发性固体7千克，则挥发性固体浓度（VS%）：7%。

5. 粪草比

所谓粪草比是指投入沼气池发酵原料中粪便原料与秸秆类原料质量之比。例如，入池原料中各种粪便的总质量为1000千克，各类秸秆的总质量为500千克，入池原料的粪草比则为2∶1，原料的粪草比一般为2∶1以上为宜，不要小于1∶1。

第二节　日常管护和故障维修

一、日常管理维护

沼气池启动正常产气后即进入运行阶段。农村户用沼气池能不能充分发挥作用，关键取决于日常运行管理，管理好的沼气池一年四季产气充足、稳定，管理不好的沼气池不但不能发挥效果。甚至出现"前建后弃"。农村户用沼气他日常运行管理需做好以下工作。

（一）定期补充发酵原料

目前，农村户用沼气池的投料方式有以下几种：

一是连续进料。在沼气池投料启动并经过一段时间的正常运行后，每天或随时定量添加新的发酵原料，排除旧的发酵料液。这种投料方式被畜禽养殖户广泛采用，好处是发酵产气能长期连续不断地进行。每天的沼气气量比较稳定。

二是半连续进料。在沼气池启动前一次投入较多的发酵原料，当产气量将要下降时开始定期添加原料并排除旧料。这种投料方式可以维持比较稳定的池容产气率，日产气量相对稳定。

三是批量进料。在启动前一次投料，在运行阶段基本上不进料也不出料，一年大换料一两次。这种投料方式产气量不均衡。运行初期产气虽不断上升，维持一段时间的产气高峰后产气量逐渐下降，直至停止。

农村户用沼气的日常运行管理关键是一个"勤"字，有条件的农户沼气池尽可能"连续进料"，退而求其次也应做到"半连续进料"。

沼气池进出料时。一是要注意保证进多少出多少；二是出料时必须保证液面高度，防止沼气从进、出料口跑掉。

适时进出料的具体做法如下：

（1）确定第一次加料时间应根据实践经验，以人畜粪便为发酵原料的沼气池启动后的第 1 个月是产气最旺盛阶段，发酵原料消耗也多；第 2 个月产气量开始下降，分解速度减慢；到第 3 个月沼气产量明显下降。所以，沼气池一般要在产气高峰没有下降之前加新料，即在启动后 20 天，最迟不得超过 30 天。

（2）确定加料间隔和加料量加料的间隔和加料的多少，应根据池容大小和用气量灵活掌握。目前农村户用沼气池池容 10 立方米左右，每天产气量约 1.5 立方米，一般每周左右加料一次，每次加料量占发酵料液的 3%～5%（在此范围内，夏季、春秋、冬季依次增量增稠），即每天应加 20～25 千克的人畜禽粪便入池发酵。对于"三结合"（猪圈、厕所、沼气池）沼气池，因每天都要向池内冲料，一般不需要另外补充其他原料。但要对进料量作出估计（表 2-13），一般养猪存栏 4 头或牛 1～2 头。再加上人粪尿入池发酵就可以基本满足需要。如果进料量不足，应补加青草或其他发酵原料。

表 2-13　人畜每日排粪尿量参考值（单位：千克）

类别	体重	日产粪量	日产尿量
人	50	0.25	1
猪	50	3～4	15
牛	500	15	35
马	500	6	15
鸡	2	0.1	—
羊	15	1	2

（3）进出料注意事项。

① 要做到先出料，后进料，出多少进多少，以保持气箱容积的相对稳定。

② 不可一次出料过多，保证料液不低于池内进出料口的上沿，防止沼气溢出。

③ 沼气池由于每天都要进料，不可能做到每天都出料。为防止多余的料液从水

压间溢出，可紧临水压间建一储肥池，用以储存溢出或取出的料液（见图2-1）。储肥池容积酌情而定。以方便料液存取周转为宜。

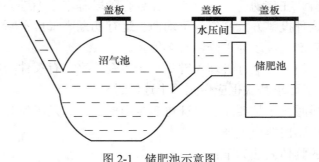

图2-1   储肥池示意图

（二）经常搅拌沼气池的发酵原料

经常搅拌沼气池的发酵原料，促进发酵，这是提高产气率的一项重要措施。经常搅拌，还可以阻止沼气池内浮渣层形成结壳，防止由于沼气不能穿过结壳进入气室，造成的气量降低。沼气池采用的搅拌装置有机械搅拌、沼气回流搅拌、液体回流搅拌等几种形式。农村户用沼气池通常建成液体强回流搅拌式沼气池。

户用沼气池的搅拌方式比较简单。当前农户建池大多选用的是进出料管斜装的水压式沼气池，可用长柄粪勺或自制的圆头木制搅拌器，从进出料管处伸入池中。抽动搅拌15分钟或用机动沼液泵从出料间抽取沼液再直接注入进料口，进行循环式搅拌等。

搅拌间隔一般要求一周一次为宜，搅拌过勤会破坏甲烷菌生长需要相对宁静环境的条件，反而影响产气率。

如果已经建好的沼气池没有搅拌装置，可用下面两种方法进行搅拌：①从进料口利用抽渣活塞或木棒搅动料液10分钟以上；②从出料间掏出数捅发酵液，再从进料口将发酵液冲到池内，形成料液回流搅拌。

（三）观察沼气料液变化，测定和调节发酵液的 pH 值

一般沼气池正常启动后运行中不会发生酸化，沼气料液呈中性（pH6.8～7.6）。如果感到产气量减少，看到水压间液面有白膜或似有油，可以用 pH 试纸测试料液的酸碱度，酸碱性过强（pH 小于 6.5 或大于 8）都对沼气细菌活动不利，使产气率下降。

为加速产气可采取以下调整措施：加入适量的草木灰；取出部分发酵原料，补充相等数量或稍多一些的含氮发酵原料和水；将人畜粪尿拌入草木灰；一同加到沼气池内；加入适量的 2%石灰水，但不能加入石灰，而是加入石灰水的澄清液。同时还要把加入池内的澄清液与发酵液混合均匀。避免强碱对沼气细菌活动的破坏。

酸碱度测试办法常采用 pH 试纸法，即从出料间提取沼液。用 pH 试纸浸蘸 0.5 秒钟，取出比色，确定酸碱度。

对于出现酸化的沼气池，采用以下方法进行调节：

（1）取出部分过稠的发酵原料，加入等量的新鲜沼液稀释浓度。

（2）取出一定量的稠料，加入等量的接种物和产气正常的沼气池中的发酵液，调整酸碱度。

（3）加入草木灰浸出液或氨水等碱性物质，中和过多的酸度。

（4）取出部分发酵原料，加入畜粪和草木灰的混合料，不仅能调节酸碱度，还能提高产气率。

（5）一般不提倡用加入石灰水的方法来调整 pH 值。如要加石灰的澄清液进行调节，一定要保证与发酵原料搅拌均匀，以免出现强碱区域影响沼气菌的活动。

在个别情况下，如果长时间不加新料，有机物消化过多，也会出现发酵原料酸碱度大于 8 的可能，这时应向池内及时添加新鲜的人畜粪便并加水调节料液浓度。

（四）要经常调节水量

沼气池内水分过多或过少都不利于沼气细菌的活动和沼气的产生。若含水量过多、发酵液中干物质含量少，单位体积的产气量就少；若含水量过少、发酵液太浓，容易积累大量有机酸，发酵原料的上层就容易结成硬壳，使沼气发酵受阻，影响产气量。

（五）观察压力变化，调节沼气池液面高度

由于沼气池需要经常进出料，因而气室容积可能会变大或变小。当气室容积变得很小时，压力表压力上升很快。使用时，同样也下降很快，有时表压力达到 10kPa 以上或表针打满量程，容易损坏压力表、池体或造成沼气池鼓盖。这时应当适当抽出部分料液，使气室加大。池内压力就会降下来。当气室过大、池内液面过低时，压力表指示压力总是升不起来，容易造成沼气外溢，这时应当在压力表没有压力时补水至液面达到水压间底面。

按照标准建设的沼气池，气压最大可以达到设计压力，不会损坏气压表和沼气池。但是，有些农村自己设计、自己建设的沼气池或非标准沼气池许多存在上述问题。

（六）经常检查管路，确保完好

经常检查输气系统的连接件接口、管路、零部件，沼气用具是否密封、损坏、老化、堵塞，发现问题，及时检修。经常清理沼气灯、沼气灶上的杂物，保证燃烧用具的良好效果，保持清洁卫生。

（七）使用添加剂，防止抑制剂

近年来农村使用沼气添加剂的农户越来越多，一般有酶类、无机盐类、有机物和其他无机物类，它的作用是促进有机物分解并提高沼气产量。据报道，可以作为沼气添加剂的物质有纤维素酶、尿素、稀土元素、活性炭粉、硫酸锌等。

沼气发酵的抑制剂能够对沼气发酵微生物的生命活动产生强烈的抑制作用，为保证沼气发酵不遭到破坏，必须禁止加入超过允许浓度的各种发酵抑制物，特别是要严格禁止剧毒农药和各种强杀菌剂进入沼气池。各种剧毒农药（特别是有机杀虫剂）、抗菌素、重金属化合物，含有毒性物质的工业污水，刚消过毒的禽畜粪便，喷洒了农药的作物茎叶，能制取药物的各种植物体如苦楝叶、桃树叶、皂荚、棉籽饼、马钱子。辛辣食物如葱、蒜、辣椒、韭菜，电石，洗衣粉，洗衣服水等，都属禁入物质。对由这种原因而遭到破坏的沼气池，需将池内的发酵原料全部清除，再用清水将沼气池冲洗干净，然后才能更新投料启动。

（八）注意冬季保温防寒

农村沼气池进入冬季后，沼气池产气量下降甚至不产气。主要原因：一是原料已经乏了，需要换料；二是沼气发酵温度太低，不利发酵。因此，加强沼气池的越冬防寒保温，是提高沼气产量的根本措施。比较符合农村实际的措施如下：

（1）覆盖酿热物。方法是，在沼气池周围挖60厘米宽的环沟，沟内和沼气池上堆积秸秆和粪便的拌和物，利用其发酵酿热，保温防寒。

（2）覆盖堆肥。把肥堆在沼气池上，利用肥堆的热量进行保温。

（3）覆盖柴草。将柴草堆在沼气池上，达到保温防寒的目的。

（4）建设简易温室。沼气池上建设简易温室，利用太阳能保温防寒。

（5）建设暖圈。在沼气池上建设太阳能暖圈，利用太阳能和畜禽热量保温防寒。

（6）室内建池。把沼气池建在室内地下，利用房屋保温防寒。

（7）蔬菜大棚内建池。把沼气池建在冬暖式蔬菜大棚内。

此外，入冬前可进行秋季换料，或对不需换料的沼气池适当补充原料，增加发酵料液的浓度，适量加入牛、马粪等热性原料。

二、故障诊断及排除

沼气池的建造、管理和使用过程是一个技术要求比较复杂的系统工程，对其中的各个环节质量要求都较高，任何一个问题的出现，都会影响到沼气池的使用效果。为使沼气池能够长期稳定地发挥效益，必须学会对出现的各种问题进行正确的诊断，掌握处理好各种故障的修复方法。

（一）病态池成因及修复

所谓病态池是指漏水漏气（俗称渗漏），即使产气也不能正常使用的沼气池。只有准确查找池体漏水漏气的部位和程度，才能有针对性地对其改造和修复。

沼气池渗漏原因及其造成渗漏的部位：

1. 建池质量有问题

（1）地基处理不好，引起池体不均匀下沉，使池墙开裂或池墙与池底交界处局部拧裂，或池墙与进出料管接合处错裂。

（2）池墙外回填土不均匀，不密实，沼气池产气后内压增大，使池墙撑裂。或夯实回填土时用力过大造成池体变形渗漏。

（3）密封层未按操作要求及配合比例施工，以致与结构层熟结不牢，产生翘壳现象。或用过期水泥，或因沙浆拌和时间太长，使黏结性降低等。

（4）砌筑或浇注技术不符合要求。如砖砌灰缝不饱满、分布不均匀、勾缝不密实、沙浆初凝后敲打或移动砌块。或水泥混凝土浇注时，没有浇捣密实，用水量过多或模板漏浆，使混凝土产生蜂窝孔隙。

（5）建池备料不合格。如水泥料浆中含有泥块、杂草、木屑等杂质，造成池体渗漏。导气管上的油质、锈屑未去除干净引起漏气。

2. 池体养护不科学

（1）沼气池建成后不进行潮湿养护，空池因日晒、霜冻等使池体密封层或结构层产生收缩裂缝。

（2）池体结构强度未达到使用要求，急于装料启动，胀裂池体。

（3）池体强度达不到养护标准，提前拆除模具，造成池体变形。

（4）养护期内沼气池拱盖上部堆放过重物品，压裂池盖。

（5）天窗盖密封胶泥缺少水封养护，形成龟裂缝隙而漏气。

3. 外力因素影响大

（1）沼气池离公路太近，因车辆碾压振动造成池体裂缝。

（2）沼气池周围有成龄竹木生长，日长月久，树根、竹根窜挤池墙，翘裂池体。

（3）沼气池拱盖上搭建筑物，使池顶盖产生过大的不均匀负载，造成池体偏位裂缝。

（4）在密封状态下用机动泵高速抽吸料液。造成池内负压使池体裂缝。

（5）沼气池正常产气而多日不使用沼气，管路系统也没有安装卸压阀，造成池内正压过大，胀裂池体。

（6）地下水位高的地方，地下水常会拱坏池底或池墙。

根据以上沼气池渗漏原因的分析，造成沼气池渗漏的部位，一般发生在沼气池各部分的衔接处。如池盖与池墙、池底与池墙的交接处；发酵间与进出料管、导气管与天窗盖的衔接处；密封层黏结不牢，脱落或龟裂；池体各部位的施工缝隙或微小毛细孔，此外，池墙局部沉陷、进出料管折断、水压间裂缝等均可造成渗漏。

沼气池池体查漏方法：

1. 根据故障现象判断池体漏气还是漏水

（1）池体出现裂缝，一般都有严重的漏水现象，严重漏水的沼气池容易察觉，池内液面下降较快，有的甚至还会因快速漏水而出现池内负压现象。一般当液面下降到某一水位不再下降时，其漏水部位也大致在这一水位线附近。查到裂缝处做好标记，以备加固修复。

（2）沼气池开始产气正常，管路也完好无损，不久产气量明显下降，而水压间液面基本不下降。一般是池拱盖漏气造成。

（3）三餐用气正常的沼气池，突然出现压力下降、供不上气的现象，在管路检查气密性合格的情况下，可以判定为气箱漏气。

（4）水封池内有气泡冒出，肯定是漏气所致。

实践证明，沼气池渗漏的故障原因，漏气远多于漏水。

2. 池外查找漏气部位打开水封池盖，可直接查看导气管和天窗盖接合处、天窗活动盖四周缝隙黏结处是否有气泡冒出，是否有松动漏气现象。

3. 池内查找漏水漏气部位根据池外检查，排除了天窗盖密封缝隙和导气管漏气因素。确定为池内漏水、漏气后，就要把池子里的料液出干净，待池内气体完全排净后，进入池内观察池拱盖、池墙、池底和进、出料管等部分有无裂缝或孔隙。用手指或小木棍敲击池体各处，如有空响，说明密封层有翘壳，应铲掉重新粉刷。池墙与进、出料管或池拱盖连接处，也容易产生裂缝，应仔细检查。还要观察池壁是否有渗水现象。对于不明显的渗水部位，可在其表面均匀撒上层干水泥或草木灰，如出现湿点或湿线，就是漏水孔或漏水线，做好标记，以便修补。

病态池修补技术：

对于严重漏水的较大裂缝采用挖沟槽、填补灰浆、专用胶密封的方法进行修复，对于漏气部位则需采用针对性修复。

（1）池墙裂缝先将裂缝凿深、凿宽成V形或U形沟槽，周围表面打毛，将松动的灰土洗刷干净，在沟槽内和打毛的表面先刷1～2遍素水泥浆，再用1∶2水泥沙浆填塞沟槽，缝深超过10毫米的要分2～3次填平。并将填补的灰浆压实、抹光，然后参照建池工序的密封层施工法，刷2～3遍水泥浆，再刷3遍密封类涂料。

（2）池墙与池底连接处裂缝先把裂缝剔开一条宽20毫米、深30～40毫米的围边槽，并在池底和围边槽内浇筑一层50毫米厚的细石混凝土，使之连接成一个整体，然后在混凝土上抹一层水泥沙浆，再刷3～5遍水泥浆。

（3）池底沉陷挖去池底开裂破碎部分，清除松软基土。用灰石料填实，然后在池底浇筑150号混凝土，厚度为60～90毫米，表面粉刷1∶2.5水泥沙浆。

（4）进、出料管裂缝进、出料管裂缝或断裂脱节的，应将断裂的管子挖出，重新安装。安装时必须将管子内外刷水泥浆2～3遍，连接处用细石混凝土包接加箍，压实、抹光。然后在接头处粉一层水泥沙浆。

（5）池体浸水沼气池浸水属轻度漏水，常用的培漏方法有：

① 水泥石膏粉共热堵漏：取 1：2 的水泥石膏粉放入锅中用小火炒，不断翻动，当温度升至 180℃时起锅，快速运到池内。然后用瓦刀铲起放在漏水部位，用沙袋压数秒钟，便可凝固，从而达到堵漏的目的。对于浸水量大的部位更为有效。

② 融黄泥加棉花堵漏：先将棉花扯松，与黄泥混合捶绒。做成较小的泥条或泥团。在渗水处凿成内大外小的孔洞，洞深 40～50 毫米，将泥团塞放洞内，用力压紧。再用事先加热的净沙，内加 3%的食盐，用开水配制 1：1 水泥沙浆拌和后，立即将沙浆填入孔洞内。深度为 20 毫米。压实抹光后，再用灰包吸水，以加速凝结，然后用水泥素灰粉刷。

③ 防水胶泥堵漏：防水胶泥的材料是水泥、沙、石膏粉。先将水泥和沙分别在锅中炒热至 50～60℃，再按水泥：沙：石膏粉的重量比 1：1：0.5 配合，加水拌和后即成防水胶泥。拌好后将其立即塞入漏水处。堵漏后，要用灰包吸水，加速凝结，然后用 1：2.5 的水泥沙浆粉刷。

④ 水泥石膏粉堵漏：按水泥：熟石膏粉：食盐重量比 1：0.1：0.03 混合，用开水拌和，可堵大面积的微量渗水。

对于池体的毛细管轻微渗漏现象，一般难于发现，可不予理会。因为细小的空隙会在日久使用中被池内料液的粪渣和纤维自动堵漏。

（6）导气管漏气或天窗盖密封不严漏气导气管松动漏气可重新剔缝用水泥沙浆黏结。或适当加高加大水泥沙浆护座，以保证其坚固性。天窗盖密封不严漏气的可将其拉出，清除原来的胶泥胶块，重新在天窗口底座周沿覆抹合格的胶灰，装上天窗盖压紧，再把周沿缝隙用胶泥捣实，倒水密封保养即可。

（7）密封层损伤修复密封层一般采用八层作业法施工，即两灰三浆加三层密封胶。

施工前，应先将粉刷层脱落、翘壳、龟裂等损伤部位铲净凿毛，铲凿面积应大于损伤面积。然后进行施工。第一层素灰浆，水灰比控制在 3：1 以下，2 毫米厚，分两次施工，每次 1 毫米厚。用铁抹子反复抹压 5～6 遍，使之渗入基层缝隙。第二层水泥沙浆，配合比 1：3，厚 5 毫米。在第一次凝固以前粉刷。用扫帚扫一次，便于和第二层黏结。隔一天后作第三层素灰层，先用水润湿，做法与第一层相同。第四层为水泥沙浆层，在第三层凝固以前施工，采用 1：2.5 水泥秒浆，注意在终凝以前反复压实抹光，要求表面光亮、不翻沙、无裂纹。第五层素灰层，和第四层一起抹压，边抹边压，防止水分蒸发后留下孔隙。最后再刷一遍专用密封胶。密封层修复方法与建池的密封层施工步骤基本一致。

（8）储气箱慢性漏气对查找不出明显原因的储气箱慢性漏气，一般是池体内上半部的表层密封不好所致。在池内密封层施工中，往往有一种误区，认为池拱盖不被料液浸淹，不存在漏水问题。实则不然，不管是过去的砖砌沼气池还是目前的现浇混凝土沼气池都属多孔性材料，水泥混凝土的空隙是甲烷分子的 6～12 倍，如果密封层处理不好，就有出现漏气的可能。修复储气箱慢性漏气，还要从提高密封施工工艺入手，可把储气箱内壁打毛，先用水泥沙浆粉刷，再刷几遍水泥净浆和密封涂料。

（二）沼气发酵故障及排除

在沼气生产实践中，常会遇到以下故障现象，如装料很足但压力上不去或上升很慢、新建池装料后长期不启动或启动缓慢、料液表层结壳或出料间冒气泡、正常使用的沼气池压力只降不升、新池刚用几个月产气量越来越少等，经检查沼气池既不漏水也不漏气，就是不产气或产气量很少，这些都是沼气使用中常出现的发酵故障。

解决沼气发酵故障问题，应从沼气原料发酵的诸多条件入手，筛查故障原因，改善管理措施，优化发酵条件，促进正常产气。故障原因及改进措施如下：

1. 原料配比不当可引起发酵迟缓

一些以秸秆为主要发酵原料的沼气池，由于秸秆原料含氮量太低，碳氮比严重失调，封池后迟迟不产气。应加入一定比例的人畜粪便，或适当加入碳铵或尿素，补充氮源。调整碳氮比数值尽可能达到（20～30）∶1 的范围。有的秸秆原料不经腐沤处理就装池，使其不能得到有效利用，也会引起发酵迟缓。

某些以鸡粪、人粪或农副产品（如薯渣）为主要发酵原料的沼气池，常常出现发酵初期产气就不正常，或初期产气好以后逐渐失效的现象。前者是启动不正常，后者虽然启动正常，但这些原料的碳氮比过小，在发酵过程中容易产生有毒的酸性物质，引起料液酸化，抑制沼气发酵，减少产气，甚至造成发酵失败，停止产气。遇到这种情况，一是采用补加接种物的办法，使发酵恢复正常；二是加装合适的碳氮比原料；三是用碱性澄清液调节 pH 值。

2. 只用气，不加料或加料不足

有些新建池在使用 2～3 个月之后，出现产气量越来越少的现象，大多是只用气不加料或加料不足引起。尤其是以人畜粪便为主要发酵原料的沼气池，由于人畜粪被沼气细菌分解快，产气早，原料入池后有 30～40 天的产气高峰期。如进料启动后不再补充新料，或很少加料，产气就会逐渐减少。为避免上述问题发生，一般新建池或大换料后的沼气池在启用 30 天后就要考虑经常性地定期进出料，一般一周左右进行一次，先出料，后进料，每次换料量占发酵原料的 3%～5%即可。另外，以畜舍、厕所、沼气池"三结合"模式建池，能保证每天有新鲜原料入池，是解决这个问题的最好方法。

3. 沼气菌太少

装料时没有加入足够的接种物，池内甲烷细菌少，使沼气发酵不能正常进行。为避免沼气发酵失败，投料时必须按发酵工艺的要求，向沼气池内投入质量较好、数量足够的接种物。

4. 池温过低

沼气池的料液温度低于 10℃，甲烷菌的生命活动就要受到严重抑制。特别是北方地区新池第一次加料或大换料后的启动时间，尽量不要安排在冬季和早春期间进行，以免池温低，启动困难，造成长时间不产气。对于正常使用的沼气池，冬季应做好沼气池的保温防冻工作，尽可能实现全年供气。

5. 原料浓度不合理，酸碱度失衡

常出现的是沼气池发酵液浓度过大，发酵过程中挥发酸大量积累，导致料液酸化，影响沼气菌正常活动，使原料发酵受阻，减少产气或停止产气。解决方法：一是抽取部分稠料，加入等量的正在使用的沼气池新鲜料液，不但稀释了浓度，还增添了沼气菌，利于恢复产气；二是加入草木灰浸出液或氨水等碱性物质，中和酸碱度，使 pH 值调节到 6.5 以上，以满足沼气菌的活动要求，达到正常产气的目的。

以秸秆为主要发酵原料的沼气池，由于发酵周期长，即所谓"原料耐用"，容易出现前期不加料、有机物消化过多、料液 pH 值大于 8 的微碱现象。这时只要及时向池内添加新鲜的人畜粪便发酵原料，便可排除产气率降低的故障。

平时结合进出料操作，每次注意调节加料的料水比，尽可能将料液浓度保持在夏季 6%～8%、春秋 8%～10%、冬季 10%～12% 的范围内，是维持沼气菌发酵酸碱平衡的有效手段。

6. 料液表层结壳

沼气池内出现浮渣与结壳，影响沼气的产生和运动，严重的导致沼气从进出料口逸出。此类故障现象，主要是原料处理不当或平时缺乏搅拌引起动态发酵失衡所形成，主要用拨动操作方法破除结壳。一是用长柄粪勺或自制的圆头木制搅拌器，通过进出料管上下通底人工搅拌；二是用泥浆泵从出料间抽取沼液直接注入进料口，进行料液循环搅拌。如果以上方法均不能破坏结壳层结构，只有打开天窗盖，直接打碎结壳层并搅拌料液到均匀状态。

对秸秆纤维类原料进行腐沤处理或每周进行一次池液搅拌，是预防结壳的有效办法。

7. 池内混入有毒物质

发酵池内混入有毒物质，如打过农药的茎叶原料、刚经过消毒杀菌的粪便原料、洗衣粉水，含有辛辣素的葱、蒜、辣椒、菜类及过酸过碱物质等，都会抑制或严重影响沼气菌的正常活动，使沼气池少产气或不产气。对还能够产少量气的池子，首先应停止使用不合理原料。同时可取出一半料液，换加等量的新料稀释毒物浓度，可能会逐渐恢复到正常产气状态，对不产气的池子，应全部更换料液，重新启动。

沼气池常见故障与处理方法如下表所示。

故障表现	可能原因	处理方法
新池启动困难，压力表读数长期上升不	1. 沼气池漏水或漏气 2. 发酵过程受阻，产气少或不产气	检查沼气池是否漏水或漏气，依照发酵所需条件筛查发酵故障，有针对性地处理
压力表读数上升很慢，产气量低	1. 发酵原料太少 2. 原料碳氮比过高 3. 结壳	1. 及时添加新料 2. 添加易分解的人畜粪便或增加接种物数量 3. 原料进行堆沤，加强搅拌破壳
压力表水柱上升到一定度数后不再上升，进、出料间冒气泡	1. 池内料液太少 2. 用气不及时，储气压力过大 3. 原料结壳硬厚，沼气很难进入气箱，而从出料口出去	1. 增加料液，提高池内水位 2. 适时用气，使产气用气平衡 3. 打开天空盖，彻底破壳搅匀
进出料管液面不在同一水平线上	多为进料管堵塞不通	清除进料管中的堵塞物
出料时，U 形压力表内水柱倒流吸入输气管中	抽吸速度太快，池内出现负压	大出料，打开天窗口
三餐正常用气，突然出现压力下降，供不上气	1. 输气管漏气 2. 天窗盖漏气	1. 管路漏气时更换新件 2. 重新安装密封天窗盖
压力在低位徘徊，气量严重不足	管路或储气箱漏气	1. 管路查漏，更换新件 2. 储气箱密封层修复
开始产气正常，后来压力逐渐下降	1. 只用气不加料 2. 添加原料中混入了抑制剂	1. 及时添加新料 2. 取出 1/3 旧料，添加等量新料
水封池冒气泡	1. 导气管松动漏气 2. 天窗盖密封不实	1. 重新黏结或加固导气管 2. 天窗盖底座抹厚泥，四周缝隙抹胶泥并捣实
压力表读数达到一定高度，天窗盖周边漏气	密封胶泥太软，黏结力不够，达不到密封压力标准	1. 制作黏结力大的合格胶泥 2. 天窗盖挤实压紧，缝隙密封捣实
天窗盖周沿胶泥干裂，压力上不去	天窗盖密封不严，漏气	重新安装密封天窗盖，并始终保持水封池内密封水量
压力超过 10 千帕，读数突然回复到零位	产气正常但多天不用气，池内压力过大，天窗盖被冲开或池体被胀裂	安装卸压阀或带有安全瓶的 U 形压力表
指针压力表读数达最大化	沼气池压力过大，超过设计压力	1. 立即放气卸压 2. 最好安装带有卸压装置的 U 形压力表
压力指示忽高忽低，火力时强时弱	管路积水堵塞	1. 检查管路积水部位，清理积水 2. 及时清理凝水器积水
产气正常，压力不小，气不耐用	储气箱容积过小	抽取部分料液，增大气箱容积
产气量少，料液过稠、发黄	发酵池料液酸化	1. 抽取稠料，加入等量新鲜沼液稀释浓度 2 抽取部分稠料，加入等量接种物 3. 加入氨水等碱性溶液，调整 pH 值
压力表读数不变，进出料间液面上升	导气管或导气管与压力表之间的输气管道堵塞不通	疏通堵塞的导气管或输气管道
产气正常，未用时压力表读数下降，甚至为零	1. 用气后开关未关闭 2. 输气管道漏气	1. 使用沼气后，要及时关好开关 2. 管道查漏换新

思考复习题

1. 为什么要强调对沼气池的日常管理？
2. 怎样保证沼气池内有充足的发酵原料？
3. 为什么要经常搅拌沼气池内的发酵料液？
4. 怎样为沼气池保温？
5. 怎样调节沼气池的酸碱度（pH 值）？

第三章 输配和使用装备运行维护

【知识目标】
1. 输配、储气、净化装备的结构
2. 使用装备的种类

【技能目标】
1. 掌握沼气管路安装
2. 使用装备的选型和故障排除

第一节 输气管网维护

沼气池的输配是指将沼气输送分配至各用气炉（点），输送距离可达数千米。输送管道通常采用金属管，近年来采用高压聚乙烯塑料管作为输气干管已成功应用。用塑料管输气不仅避免了金属管的锈蚀，而且造价较低。气体输送所需的压力通常依靠沼气生产所提供的压力即可满足，远距离输送可采用增压措施。输配系统故障与维修如下。

在沼气应用中，因输配系统漏气、断气和气流不畅造成不能正常使用沼气，一般经过细致排查或通过压力表的指示变化可大致判断出具体的故障原因，然后再有针对性地进行维护和修复。

1. 管路漏气

原来产气正常，后来感到产气量明显下降或在不用气时压力表读数在低位徘徊或升降很慢，在确定沼气池不漏气后，可判断为管路漏气。由于沼气池漏气量与沼气压力成正比，压力低时漏气少，压力表能上升到一定读数。但压力升高后，漏气增加，所以上升到一定压力，漏气量与产气量相等，压力表的读数就相对在某一低位徘徊。

可用气密性检查法检查输气管路是否漏气。关闭池门总阀，打开灶具前开关，将灶具端输气管拔下，用嘴向管内用力吹气。当压力达到 80 厘米水柱或 8 千帕时，关闭灶具前开关，在 4 小时内压力降低不超过 1 厘米水柱或 0.1 千帕为不漏气，否则是漏气。判断管路中哪些地方漏气，在保持管路一定压力的前提下，用小毛刷蘸肥皂水，往管路上刷，尤其是开关、三通、弯头等接头处，更应仔细检查。凡是冒气泡的地方，就是管路漏气的地方，应对症进行换件或维修。

2．管路气流不畅

形成输配系统管路气流不畅的原因有以下几种情况：

（1）管路积水堵塞，气流不畅是输配系统最常见的故障原因。当做饭时压力指示忽高忽低，火力时强时弱或时而断火；打开开关压力急降，关闭开关压力急升。出现这种情况说明输气管路中存在积水，形成了水堵，影响了沼气的畅通运行。这时，应先检查集水瓶是否因集水过溢倒流，导致管路水堵，如是，可立即把水清理掉，排除水堵；如不是此现象，再沿管路检查是否由于管路固定点脱落或重力作用造成管路水平位移沉降形成分段式水堵。这种情况可重新固定铺设管路，排除管中积水。

预防管路积水堵塞的最好办法是严格按照操作规程铺设管路，保证管路的最低端装有合格的集水瓶，并在使用中经常检查、维护和排除可能出现水堵的因素。

（2）输配系统配置不当。气流不畅管路安装过程中，由于输气管的管件设计配置不当，往往会出现池口压力和终端压力相差过大、压力降不达标、造成气流不畅的供气故障。沼气在管道中流动时，气流与管壁摩擦会引起压力损失．流过三通、弯头、阀门等各个附件时，由于内腔突然变径也会形成压力损失。这种情况多因管线私拉乱扯、安装不规范、管件不合格或管件与管线不配套造成，应重新安装布线和更换管件。因此输配系统管道设计安装应遵循"就近与平直"原则，管道拐弯角最好呈弧形，输气管内径要求总管不低于 15 毫米，支管不低于 10 毫米，管件最小内径处不低于 6 毫米，并尽可能减少不必要的管件，以减少系统压力损失。只要做到以上这些，就能保证输配系统气流通畅，供气正常。

（3）输气管扁缩。气流不畅管路压力表读数不低，却没有原来火力大，多是输气管老化扁缩或被车辆压扁，因气流不畅造成的供气故障。输气管在通过街路时，地埋太浅或没有外套硬管就很容易被车辆压扁；软塑管架空安装的，因日晒老化也会自然形成扁缩状，有的输气管横截面扁缩成了长椭圆形，甚至成了上壁贴下壁的扁条状，沼气流通严重受阻。遇到这种情况，对轻度压扁的可复原其管径，扁缩严重的要换装新管。

3．沼气在正常使用中突然断气

压力表回复到零位，表明输气管路已完全阻断，包括管路物理折断和管路折弯隔离阻断。输气管物理折断多由外力作用如机械割裂或重力拉拽造成输气管完全折断；输气管折弯隔离阻断多发生在管路转弯处，如安装无弯头的软塑管，其拐弯角应呈弧形，如果管路受日晒老化及热胀冷缩的影响，弧形拐弯角会因紧缩力作用被拉成折叠状锐角折弯，内腔通道被隔离阻断。不管出现哪种管路阻断故障，一旦发现，就要及时换装新管。

第二节　储气装置运行维护

沼气的产生与使用存在着供求关系。沼气的形成是一种生化反应，在固定的条件下，于一定的时间内，其反应速度是相对均衡的，即在一个发酵周期内，产气规律大体一致，可以人为控制。而用户对沼气的使用却变化不定，产气多了，不一定用气就多，产气少了，也可能要求多用气，总之，用气量是不定的。所产生的沼气如果用不完必须储存，用气多了，当天产气不够，储存的气源可以补充。储气装置正是调节产气、用气供求矛盾的设施，有利于及时供气、均衡供气和多余气体的储备待用。

沼气的储存通常用浮罩式储气柜，以调节产气和用气的时间差别，储气柜的大小一般为沼产气量的 1/3～1/2，以便稳定供应用气。

沼气发酵装置种类很多，工艺各异。但所产生的沼气储存方式却比较统一，从现有实际工程看，沼气的储存可分为两大类型。

1. 池内储存

沼气的储存不需特制的储存装置，储存在气室部位，是较原始的储气方式。

（1）池内气箱储气：与农村家用水压式沼气池一样，在厌氧消化池的池顶留有一定的空间，作为储气室。

（2）气罩储气：半塑式沼气池直接把产生的沼气储存在池顶的气罩内。气罩上有导气孔与炉灯具管道接通，用气时需加压。

中小型沼气工程规模小，产气不多，有时使用池内储气方式。其好处是不另设储气装置，占地面积小，成本低。其弊端是储气量不大，沼气压力波动较大，影响燃气使用效果。半塑池压力较低，用气时需加压，比较麻烦，应用面不广。

2. 储气装置

所谓储气装置是指在厌氧消化池外，专门储存沼气的装置。

（1）储气袋：储气袋用红泥塑料膜热合而成。其上设有沼气进口和出口，进气口与接厌氧消化池导气管的管道接通。用气时需加压或事先配重，将沼气送入管网，气袋需设置在安全处，妥善管理，附近严禁烟火。因气袋储气量有限，用气又需加压，有诸多不便，使用较少。

（2）低压湿式储气柜：低压湿式储气柜又称水槽式储气柜或低压湿式储气罐，简称储气罐或储气柜。储气柜是较好的储气装置，应用广泛。虽造价较高，但沼气压力稳定，其压力大致等于储气罐自重加配重，一般在 3136～4527 帕，符合管网送气压力要求，燃具燃烧效果好，且储气量可大可小，送用自如。使用寿命长，便于管理。储气罐有钢筋混凝土结构和钢结构两种。由水封池、钟罩（浮罩）、导轨、立柱、纵横支承等组成。水封池一般为钢筋混凝土结构，建在地下或半地下。钟罩多为钢结构，可采用 4 毫米厚的钢板制作，有的为一节，有的为数节。

3. 储气装置的管理

要想保证正常供气，不论哪种储气装置，都必须注意日常管理。

（1）防止漏气

① 水压式沼气池储气间压力较大，应特别注意其拱顶渗漏，防止压力超过设计压力负荷，定期涂料密封。

② 半塑池储气室应注意塑膜老化和损伤，发现裂纹、破孔及时维修，防止漏气。

③ 低压湿式储气柜应定期检查水槽和水封中的水位高度，必要时加水，防止水封高度不够造成漏气。

④ 气柜升降不要卡壳。

（2）安全储气

① 防止储气柜壁上和水封池中的水结冰。冬季可向水封池喷入热蒸汽，局部加热水，使水温保持在 5℃以上。勤搅动水封池的水。

② 定期刷防锈漆，避免罩体腐蚀。

③ 储气装置应与烟火隔绝，最好在四周建围墙。

④ 气柜钟罩升降位置应有控制措施，防止钟罩被损坏。

⑤ 储气罩顶应安避雷针，防止雷电破坏。

第三节　净化装置维护

沼气脱水可采用重力脱水、冷却冷凝脱水和化学吸附脱水等方法。

重力脱水：通过改变输送沼气的流速和方向，利用水分的重力将沼气中的水分离去除。

冷却冷凝脱水：利用冷媒降低沼气的温度，使沼气中的水分在较低的露点温度下冷凝结露后分离排出，冷冻后的沼气经升温输送，不再产生冷凝水。

化学吸附脱水：利用吸湿性液体如盐酸、甘醇类等化学物质吸水剂，将沼气中的水分吸收，而吸水剂可经再生后重复循环使用。

沼气脱硫设备

沼气生产过程中，产生部分硫化氢，其含量多少，与原料性质和发酵条件有关。以单一的畜禽粪便、人粪尿、有机废水为原料制取沼气，沼气中硫化氢含量往往超过国家规定标准。在湿热的条件下，硫化氢严重腐蚀金属管道和仪器设备，泄漏到大气中会污染空气，危害人畜健康。大中型沼气工程规模大，从沼气的制取、贮存、输配到应用，涉及的仪器设备较多，沼气作为民用，集中供气直接涉及人，故大中型沼气工程的设计应增加脱硫工具。

1. 脱硫的方法

沼气的脱硫方法很多，考虑到脱硫的成本、规模、设备、操作的难易、脱硫剂的再生、脱硫效果等多种因素，沼气脱硫常采用干式脱硫方法。

（1）脱硫剂

① 人工氧化铁组成及性能

铸铁屑：木屑（重量比）为1：1；人工氧化后，$Fe_2O_3/FeO>1.5$；熟石灰0.5%，一般颗粒0.6~2.4毫米；pH值8~9；含水率30%~40%。

② 天然沼铁矿组成及性能

高价铁含量50%~60%；活性氧化铁（重量）>15%；密度0.8~0.9千克/米；配比及要求：沼铁矿95%，木屑4%~4.5%，熟石灰0.5%~1.0%，含水率30%~40%；颗粒直径（1~2毫米）>85%；pH值8~90。

③ 成型常规氧化铁脱硫剂见表3-1。

表3-1　成型氧化铁脱硫剂的性能

型号	规格（毫米）	主要成分 Fe_2O_3(%)	原料来源	堆比重（千克/升）	强度（千克/厘米^2）	比表面（米^2/克）	孔隙率（%）	工作硫容（%）
TG-1	$\phi 6×5~6×15$	50	硫铁矿灰	0.7~0.8	≥20	80	47	≥30
TIL-1	$\phi 2~4×5~15$		炼铁赤泥	0.65~0.75	正压148N/颗 侧压119N/颗	10.24	47	32~44.8

（2）脱硫塔

① 脱硫塔尺寸：脱硫塔的尺寸与沼气中硫化氢的浓度、沼气通过脱硫剂的速度、沼气与脱硫剂的接触时间及压力等因素有关。

② 脱硫塔的结构：脱硫塔的外壳为一圆筒，钢质，两端有封头，塔内分为3~4层隔板，在每层隔板上装有脱硫剂。有的脱硫塔内不分隔，脱硫剂填充至塔高的4/5处。沼气从塔底部的管道进入，从塔顶部的管道排出。

为了使脱硫剂达到较高的利用率，有时可设置2~3个脱硫塔，串联使用。当沼气中硫化氢含量在2克/立方米以下时，采用一级脱硫；硫化氢含量在2~5克/立方米时，可选用二级脱硫，一级塔粗脱，二级塔细脱；硫化氢含量在5克/立方米以上时，采用三级脱硫。各塔脱硫剂分层装填，每层以0.7~0.1米为宜。每层厚度以脱硫塔的大小、沼气中硫化氢的含量、沼气量、脱硫剂种类而定，这样可使脱硫剂达到最大吸收量，脱硫效果较好。

③ 脱硫效果：在脱硫装置、脱硫剂固定后，脱硫效果取决于沼气流速、与脱硫剂接触时间。经干式氧化脱硫后的沼气，其硫化氢的含量可下降至10~20毫克/立方米，符合国家规定标准。

2. 脱硫剂的再生

脱硫剂的再生常用塔内自然再生法和塔外再生法。

塔内自然再生法：当脱硫剂硫容未达到30%，但脱硫塔出口的沼气含硫化氢浓度已超标时，脱硫剂可在塔内进行再生。

首先切断沼气气源，前期打开塔顶放空阀和塔底排污阀，自然通风，利用再生放出的热量，形成空气对流，再生由下往上进行；后期以专用鼓风机由塔往下鼓入空气，再生温度通过调节送风量即含氧量来控制，再生气体含氧量为 2%～3%，并应有饱和水，直至进出口氧浓度大体相等，停止鼓风，一般需时 24 小时。塔内自然再生法可防治脱硫剂的损失，避免脱硫剂装卸的麻烦。

塔外再生法：当脱硫剂中的硫容达到 30%以上时，脱硫效果明显变差，脱硫剂的再生可在塔外进行。切断沼气气源，将脱硫剂从脱硫塔中卸出。如果脱硫剂量不大，可装入麻袋、编织袋或空的容器里，敞口缓慢氧化再生效果较好，大约需时 20 天。再生后，调节脱硫剂的量较大，可摊在地上晾晒，但不要直接暴晒，防止硫的自燃。摊晾时，其厚度以不超过 300～400 毫米为宜，为使脱硫剂充分氧化，应定时翻动。新的脱硫剂一般可使用半年以上，经再生的脱硫剂可使用 3 个月左右。

脱硫塔不应与压缩机、配电盘等用电设备安放在同一房间。脱硫塔安装前应进行气密性实验。脱硫塔运转后应设专人管理，监视记录脱硫系统运转情况，发现问题，及时处理。脱硫反应温度范围在 10～40℃，夏天应注意避免阳光直射温度过高；冬天应注意温度过低，防止脱硫剂冻结；注意脱硫床层温度，使之处于适宜工作状态；经常监测出口沼气中硫化氢含量，及时更换脱硫剂，并进行脱硫剂的再生。

第四节　使用装备运行维护

沼气的利用设备种类繁多，用途广泛，主要设备有灶具、灯具、沼气发动机、沼气发电机组、沼气红外炉、沼气孵化器、沼气冰箱、沼气热水器、沼气饭煲等。

一般的家用沼气灶由燃烧、供气、辅助和点火四个部分组成。农村多使用自动点火的沼气灶，这类灶与普通的煤气灶和液化器灶相似，但不能互换和互用，使用沼气的自动点火灶必须是专门的，并标明是沼气灶，不能用煤气灶或液化器灶代替。沼气灶具必须符合国家标准 GB/T 3606—2001 家用沼气灶标准（合格产品）。目前，我国市场上的沼气灶品牌很多，许多省都生产沼气灶，只要是合格的产品均能选购和使用。从点火方式来看，主要有两大类，即压电陶瓷点火灶（不用电）和脉冲电火花点火灶（须用干电池）；从形式上可分为单眼沼气灶和双眼沼气灶两种。

1. 家用沼气灶常见故障

（1）在正常产气的情况下，压力表上指示压力（千帕）比较高，但灶具火力不强。

【原因分析】　沼气灶喷嘴或总成内通气孔局部堵塞，造成沼气流量过小；沼气灶头部火孔局部堵塞；灶前开关孔径太小；压力表至灶前的输气管道太细、太长或管道转弯时有折弯，导致沼气流量过小；调控器出口处有脱硫剂颗粒或粉末堵塞而导致沼气流量过小。

【对策】　清扫沼气灶喷嘴和头部火孔，可用细铁丝或缝衣针作为清理工具，若喷嘴和火孔都清理后效果不大，应将总成拆下，将通气孔内杂质清除干净，使其保持原火孔的大小。拆总成安装比较困难，最好请专业维修人员拆洗；更换开关（孔径不小于 6 毫米）；先检查输气管转弯处是否有折弯，如果有要放大转弯角度，一般要大于 120 度；清除调控器出口脱硫剂颗粒或粉末。

（2）灶具燃烧时火力时强时弱，有上断火，压力表上下波动。

【原因分析】　输气管道内积水。

【对策】　输气管道内积水排除，并将气水分离器内的积水倒掉。

（3）灶具燃烧时火焰过猛，燃烧声音大，火焰短易吹脱。

【原因分析】　主要是一次空气太多；燃烧器加工粗糙，内壁有毛刺；甲烷含量低。

【对策】　将调风板关小，减少一次空气；清洁燃烧器内部，去毛刺；排出不可燃气体，增加新鲜原料和接种物。

（4）灶具燃烧时火焰长而无力，且发黄。

【原因分析】　主要是一次空气不足，或头部火盖未装好；燃烧器内有铁锈；甲烷含量低。

【对策】　将调风板开度开大，增加一次空气；清理燃烧器内部；排出不可燃气体，增加新鲜原料和接种物。

（5）灶具燃烧时火焰大小不均匀或有波动。

【原因分析】　炉盖上火孔堵塞。

【对策】　应经常清扫炉盖的出火孔；将灶具翻过来，可看见燃烧头背面有一个销子，将其拔出，燃烧头即可以拿下来；清除燃烧头腔内和引射管内的杂质；安装的时候，先将燃烧头对准总成向前推紧，待燃烧头固定销头卡入灶头安装架上，插入销子即可。

（6）沼气灶打火不灵，着火率低。

【原因分析】　输气管扭折、压扁、堵塞；输气管内有空气；电池电压不足，或电池接触不良；点火器开关触点氧化，接触不良；放电间隙太远或太近；引火喷嘴堵塞；电极的档焰与点火喷嘴轴线的倾斜角不对；沼气压力太高；沼气中甲烷含量太低；高压线漏电。

【对策】　矫正或更换输气管反复打火；排除管内空气；更换新电池；把负极簧片搬开一些，用细沙纸略摩擦几下；调整放电间隙，将电极与支架距离调至 3～4mm；用直径 0.04 毫米细针打通引火喷嘴；用尖嘴钳调整档焰板与点火喷嘴轴线的倾斜角，经试验，倾斜角为 20 度为宜；调节灶前压力至额定压力；排出不可燃气体，增加新鲜原料和接种物；高压线外用绝缘胶布保护。

2. 沼气灯

家用沼气灯主要由燃烧器、灯罩、玻璃罩、支架（或底座）等构成，有的还配有电子点火装置。我国普遍使用的沼气灯均为吊式沼气灯（如图 3-1 所示）。我国使用的沼气灯 80 多年来几乎没有改变，沼气灶具和农村发展相比十分落后，新型沼气灯的开发势在必行，市场前景非常好。

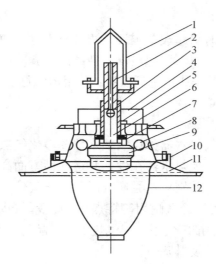

图 3-1 吊式沼气灯

1—吊环；2—喷嘴；3—横担；4——次空气进风口；5—引射器；6—螺母；7—垫圈；8—上罩；
9—泥头；10—排烟孔；11—反光罩；12—玻璃罩

气灯常见的故障及排除方法：

（1）沼气灯燃烧时，若纱罩不发白光而呈红色。

【原因分析】 沼气太少或空气太多；引射距离太长或太短。

【对策】 灯盘反时针方向旋转，逐步调节空气进气量及引射距离，调至灯光发白、亮度最佳为止。

（2）沼气灯不发光。

【原因分析】 喷嘴堵塞；纱罩受潮；沼气灯设计热流量太小。

【对策】 用缝衣小针孔扎通；更换不受潮的纱罩；加大沼气灯设计热流量。

（3）沼气灯燃烧时处于良好状态，而灯不发白光。

【原因分析】 喷嘴堵塞纱罩质量不佳或收藏时间过长而受潮；首次使用纱罩时烧吹不成功。

【对策】 更换质量好的新纱罩；首次烧吹纱罩时，应在 2～3 千帕压力下，燃烧至轻微的"砰"爆鸣声。

（4）沼气灯灯光不稳，一亮一暗。

【原因分析】 沼气中甲烷含量低，压力不足；沼气灯喷嘴安装不当、堵塞或偏斜；输气管中积水较多或管道不畅通的缘故；纱罩型号与沼气的要求压力不配套；管路有抖动。

【对策】 增添发酵原料和接种物，提高沼气池产气量和甲烷含量；调节好喷嘴从上到下的距离；打开排装冷凝水的阀门排除管道内的水或疏通管道；选用型号和压力配套的优质纱罩；固定管路。

（5）沼气灯玻罩破裂。

【原因分析】 烧纱罩时引起玻罩破裂；沼气压力过大使纱罩吹破，火焰会从纱罩破处漏火而直接烧至玻璃罩，引起玻罩破裂；温度骤冷骤热导致玻罩破裂。

【对策】 玻罩应在纱罩烧成白色后安装；使用沼气灯时，沼气压力不能超过 3.2 千帕；避免冷水喷溅到玻罩上。

3. 沼气热水器

沼气热水器与其他燃气热水器如煤气热水器和液化气热水器等类似，但对于沼气热水器的设计要求远比其他热水器在性能和适应性方面高得多。因为沼气与煤气、液化气性质不同，燃烧性能差别大，且属低压和变压气体，同时还必须考虑农村的低水压、低价格、粗放使用和经久耐用等特点。目前我国市场上这类产品非常少见，针对我国大规模农村沼气的推广使用，沼气热水器产品的开发应用与推广非常必要。

沼气热水器常见的故障及排除方法：

（1）沼气热水器点不着火。

【原因分析】 燃气总阀没有打开；输气管有空气；沼气压力过高或过低；喷嘴堵塞；点火开关欠压时间过短；输气折压造成沼气输送不畅或输气管龟裂而造成漏气；水气联动阀未开启；沼气中硫化氢气体对点火针和燃烧器腐蚀。

【对策】 打开燃气阀；排除空气；调节沼气压力至热水器额定压力；清除堵塞物；更换脉冲点火器；调整或更换输气管道；开启水气联动阀；及时更换脱硫剂，保证脱硫有效。

（2）打开热水阀没有热水只有冷水。

【原因分析】 只开燃气阀而未开进水阀；进水滤网堵塞；水压过低；主燃烧器未点燃。

【对策】 打开冷水阀；清除滤网杂物；水压正常时用或用水箱；点燃主燃烧器。

（3）电子打火不着。

【原因分析】 电池没电了；放电极间距离不合适；放电极头部受损；线路或元件损坏。

【对策】 更换干电池；调整放电极间的距离；更换放电极；更换损坏零配件。

（4）主燃烧器突然熄灭。

【原因分析】 没有沼气了；水压过低；室内缺氧；被风吹灭。

【对策】 检查输气管道是否漏气、堵塞，检查沼气是否已用完；检查水压；打开门窗，加强通风；重新点火。

（5）热水器有小火无大火。

【原因分析】 水气联动阀水膜损坏；水压力过低。

【对策】 更换水气联动阀水膜；提高水压力。

（6）沼气压力正常，热水器燃烧一段时间后熄灭。

【原因分析】 熄火保护传感元件出故障，使热水器熄火。

【对策】 更换熄火保护传感元件。

4. 沼气饭煲

沼气饭煲的应用时间不长，但普及速度较快，使用方便，很受农户的欢迎。目前市场上的沼气饭煲品种较多，生产厂家也不少，但只要是农业部沼气产品质量检验合格的产品都可以选用。

沼气饭锅常见的故障及排除方法：

（1）沼气饭锅点不着火。

【原因分析】 进气管曲折或者压扁或进气管中混入空气；阀体或者点火喷嘴堵塞；没有装干电池或干电池不足；打火针的位置偏离。

【对策】 理顺进气管或排除进气管的空气；用 0.25 毫米的钢丝通喷咀；安装电池或更换电池；打火针的位置重新调好，打火针与电极距离应尽量拉开，打火针的角度必须比电极高出 3～4 毫米。

（2）沼气饭锅煮焦饭或夹生饭。

【原因分析】 定温胆上表面或锅内胆表面有杂质；饭锅内胆使用时间太长，产生变形；定温胆因长期使用而损坏；饭锅按钮和使用部件产生锈蚀；米量超过饭锅设计最大米量。

【对策】 用柔软温布或幼细沙纸将定温胆或内胆表面杂质擦干净；用硬物将不平的内胆底部压平，使内胆与定温胆接触良好；更换定温胆；清洗转动部件，并在各转动位置加少量润滑油，以达到润滑和防锈的效果；减少米量至饭锅设计最大米量之下。

（3）沼气饭锅漏气。

【原因分析】 输气管老化，破损造成漏气；各配件接头松动造成漏气；饭锅阀体中控制体内的丁氰橡胶软化发胀或破损；饭锅燃烧器锈蚀等引起燃烧器漏气。

【对策】 更换输气管；检查各配件接头是否有在使用过程中产生松动现象，如有则将螺丝加固拧紧或更换；更换控制阀体密封套或铜阀芯针内的 O 型圈；更换燃烧器。

（4）沼气饭锅使用一段时间后，脉冲点火器点火变慢，火花变小。

【原因分析】 电池电压不够；脉冲点火器损坏；由于清洗或煮饭时水溢到脉冲点火器的电池盒内，产生电极，使电池接触不良。

【对策】 更换新电池；更换脉冲点火器；将电池盒内的水迹、锈迹等擦干净，使电池接触良好。

5. 沼气红外线取暖炉

沼气流经喷嘴进入引射器，通过引射器将燃烧时所需要的空气量一次满足。混合气体在引射器的扩散管内恢复一定的静压后，进入辐射器腔体内的内外网。点火后便有短的蓝色火焰在内外网间燃烧，很快将金属网烧红，火焰即消失。这时内外网面的温度可高达 800～900℃，网面形成红外线辐射热源。通过在 13 平方米的房间内试用红外线取暖炉的试验表明，用沼气燃烧半小时，室内温度可由 6℃升至 15℃，并且在取暖的同时，也可以用来烧水和煮饭。

6. 沼气发动机

沼气发动机是用汽油机和柴油机改装而成，按点火方式可分为电点火沼气发动机和沼气、柴油双燃料发动机两类。沼气有较高的热值，甲烷的辛烷值在 105～115 之间，作为内燃机燃料具有良好的抗爆性，发动机可选用较高的压缩比。因此，同样工作容积的内燃机，在使用沼气作燃料时，可以获得不低于原机的功率。

7. 沼气发电机

沼气可以直接点灯照明，但沼气灯耗气量较大。一般 0.75 立方米沼气可发电 1 千瓦时，即可供 25 盏 40W 的电灯用 1 小时；若 0.75 立方米沼气直接点沼气灯，仅能供 7 盏沼气灯（相当于 40W 的电灯）点 1 小时。所以沼气发电后，利用效率更高。

思考复习题

1. 按什么顺序安装沼气管路？
2. 如何进行沼气输气管路的气密性检验？
3. 沼气输配系统由哪些部分构成？
4. 沼气灯工作原理与技术性能是什么？
5. 沼气炊具应如何选择和使用？
6. 沼气灯具应如何选择和使用？
7. 家用沼气灶由哪些部分构成？各有什么作用？
8. 脱硫器的作用与原理是什么？

第四章 配套装备运行维护

第一节　检测设备维护

一、甲烷检测方法

在沼气检测领域，沼气成分中甲烷的检测方法主要有：奥氏气体分析方法、热导元件检测方法和红外光谱检测方法。

（1）奥氏气体分析方法

传统的奥氏气体分析方法的工作原理是：取定量的气体，一般为 100 毫升，通过气体吸收后体积变化来测出 CH_4、CO_2 的含量。通常是采用氢氧化钠溶液吸收 CO_2；以焦性没食子酸碱性溶液吸收 O_2；爆炸燃烧法后采用吸收法测量 CH_4。目前传统的奥氏气体分析方法在沼气成分检测中很少用。针对农村沼气服务体系的特定应用，通常采用检测管法，该方法操作更简便，常用的检测管有硫化氢、氧气、二氧化碳、一氧化碳等，但没有直接测试甲烷的检测管，甲烷含量是通过计算所得，即 $100\% -$ $[CO_2] - [空气] - [H_2S] - [CO]$ 等，因此存在一定误差。图 4-1 为常见的奥氏气体分析装置。

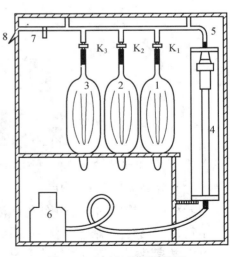

图 4-1　奥氏气体分析装置

1，2，3—吸收瓶；4—量管；5—梳形管
6—水准瓶；7—三通阀；8—过滤器

（2）热导元件检测方法

如表 4-1 所示，不同气体的导热系数存在差别，热导元件检测方法就是根据气

体的这一特性，来确定气体的体积浓度。沼气的主要成分是 CH_4 和 CO_2，被测沼气的导热系数由 CH_4 和 CO_2 共同决定的。

表 4-1　不同气体的导热系数

气体名称	相对导热系数（0℃）	0～100℃温度系数
N_2	0.998	0.00264
O_2	1.015	0.00303
Air	1.000	0.00253
CH_4	1.318	0.00655
CO_2	0.614	0.00495

对于彼此之间无相互作用的多组分气体，其导热系数可近似的认为是各组分导热系数按含量的加权平均值。

因此，根据沼气的导热系数与各组分导热系数之间的关系，就可以实现沼气多组分气体的含量分析。热导元件检测方法传感器结构如图 4-2 所示。

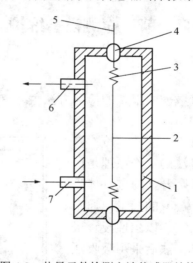

图 4-2　热导元件检测方法传感器结构

1—腔体；2—电阻丝；3—支承架；4—绝缘；5—引线；6—气体出口；7—气体入口

（3）红外光谱检测方法

异种原子构成的分子在红外线波长区域具有吸收光谱，其吸收强度遵循郎伯—比尔定律。当对应某一气体特征吸收波长的光波通过被测气体时，其强度将明显减弱，强度衰减程度与该气体浓度有关，两者之间的关系遵守朗伯—比尔定律。沼气成分中的 CH_4、CO_2 对红外光的吸收光谱如图 4-3 所示，其主要吸收峰波长为 3.4 微米、4.26 微米。

因此通过检测红外光吸收率的变化可以得到沼气中的 CH_4、CO_2 体积浓度。目前，红外光谱检测方法已经成为国际上开展沼气研究和沼气发酵过程检测的标准仪器。图 4-4 为红外光谱检测传感器结构。

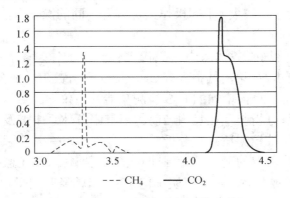

图 4-3　CH_4、CO_2 的红外吸收光谱

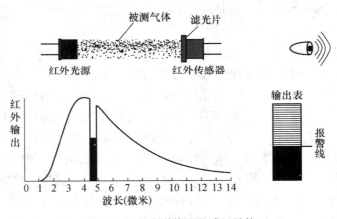

图 4-4　红外光谱检测传感器结构

二、不同方法甲烷检测仪适应性分析

目前,甲烷检测仪已经在我国沼气服务体系中广泛推广,但是不同部门、单位对甲烷检测仪的用途理解不一样。有些部门主要侧重沼气成分的检测,判断沼气池的发酵状态,确定沼气灶打不着火的原因;有些部门用于沼气池、沼气管网的泄漏检测。从沼气成分检测的功能上讲,奥氏气体分析方法、热导元件检测方法和红外光谱检测方法都可以使用。以下对这三种不同的检测方法在农村沼气成分检测中的适应性进行分析。

（1）奥氏方法甲烷检测适应性分析

在中国 90 年代,限于当时的技术条件比较落后,奥氏气体分析方法曾经在我国的农村沼气技术服务中发挥了重要作用。然而,其暴露的问题也较多,比如:

① 需要采集具有代表性的气体,且不能现场实时分析。

② 每年都需要购置化学试剂,耗材费用较大。

③ 人员需要培训，分析测试劳动强度较大。

④ 受人为因素影响较大，不同操作人员或者不同的操作方法，测试结果也有可能不同。

此外，在农村沼气服务体系中，奥氏气体分析的原理是在假设$[CH_4]+[CO_2]=$100%的基础上进行的，如果沼气中含有 CH_4、CO_2 以外的气体成分，如空气、N_2 等，测量结果将会不准确。目前增加的 H_2S 检测功能其他仪器也可以配置，并非其特有功能。因此奥氏气体分析装置在我国当前的沼气服务体系中普及具有很大的难度。

（2）热导元件甲烷检测适应性分析

热导元件甲烷检测仪的诞生是我国针对煤矿瓦斯抽放系统监控要求而开发的一款专用仪器。针对此类仪器，我国煤炭部门 1997 年曾经制定了相关的技术标准，经过修改后成为《AQ6204—2006 瓦斯抽放用热导元件甲烷检测仪标准》。煤矿瓦斯抽排气中除 CH_4 外其他物质主要是空气。因此在标定时往往采用空气与甲烷进行混合得到不同的瓦斯浓度。

由于煤矿瓦斯浓度高，与沼气产生的工况和成分存在较大的差异，将煤矿高浓度瓦斯热导元件检测技术引入到沼气检测会面临如下问题。

沼气成分中除了 CH_4 以外，主要是 CO_2，也就是假设$[CH_4]+[CO_2]$浓度之和为100%，所以标定仪器时需要采用 CH_4 与 CO_2 的混合气体；通过实验结果显示，热导元件甲烷检测仪完全通入空气时，其 CH_4 浓度显示结果就达到 15%左右。由于热导元件甲烷检测仪是通过气体导热系数的差异性测量气体浓度的，而热导元件检测仪根本无法分辨出被测气体的确切成分。因此热导元件甲烷检测仪只有确保仪器通入的是$[CH_4]+[CO_2]=$100%的沼气时，才能确保 CH_4 数据的测量准确性，如果沼气气体中每混入 1%的空气（或者 N_2），就相当于混入了 1%的含有$[CH_4]=$15%，$[CO_2]=$85%的沼气。由此可见，在测量未知气体时，很难确保 CH_4、CO_2 测量结果的准确性。

在使用热导元件甲烷检测仪时，一定要将传感器接触的空气完全置换成沼气后才能够准确测试 CH_4 的含量。此外对于一些才开始启动或者长期不产气的沼气池，由于沼气中混有空气或者沼气成分中含有 N_2 和 H_2（沼气池酸化）等。这些造成干扰的背景气体的存在，会造成 CH_4 测量的误差较大。

沼气与煤矿高浓度瓦斯相比，含有大量的 H_2S 气体。从原理上看，沼气与传感器直接接触，这样容易导致传感器核心部件腐蚀，造成传感器寿命大大缩短。

从热导元件传感器原理上讲，传感器是根据气体经过所带走的热量来确定气体成分的浓度，因此，环境温度的变化对测量结果影响较大。

综上所言，热导元件甲烷检测仪在沼气领域应用还需要考虑更多的问题，才能更好地服务于农村沼气服务体系的建设。

（3）红外光谱甲烷检测适应性分析

红外光谱甲烷检测方法是最近发展的一种新技术。以往红外光谱气体分析方法是采用复杂的机械调制光源以及微音器技术，仪器庞大、功耗高、价格十分昂贵。

随着半导体技术的发展，国际上红外探测器的价格成级数下跌，为新型红外气体分析技术的发展提供了机遇。通过采用双元红外探测器配合电调制红外技术，可以采用两个传感器实现对沼气中的 CH_4 和 CO_2 的同时准确测量。与其他甲烷检测方法相比，红外测量方法具有如下特点。

① 可以实现对 CH_4 和 CO_2 的独立测量。由于采用了 CH_4 和 CO_2 的特征波长，因此空气中的 N_2、O_2 以及沼气中的 H_2 对 CH_4 和 CO_2 的测量没有影响。

② 红外光谱检测方法采用非接触测量，沼气中的 H2S 对红外传感器的性能、寿命没有任何影响。增加一个 H2S 传感器，还能够同时测量沼气中 H_2S 的浓度。

③ 甲烷的测量精度能够达到2%，采用高精度的红外检测器，能够实现沼气成分的准确测量。

④ 红外光谱甲烷检测方法能够测量沼气中高浓度甲烷气体的同时，也具备沼气泄漏的甲烷检测功能。甲烷的低爆炸极限 LEL 是5%，通常当空气中的 CH_4 超过1%时就要求报警。传统的奥氏气体分析方法精度太低，很难检测准确1%以下的 CH_4。热导元件检测方法受原理所限，只能用于常量分析，5%以下浓度本身不适合用热导分析。如前所述，在空气中即使没有甲烷存在时显示值也超过15%，因此都不能用于沼气的泄漏报警检测。

对于甲烷泄漏报警监测，最早在我国煤矿安全领域中使用最为普遍，通常的方法是热催化方法以及红外光谱方法，其对应的标准为《AQ6203-2006 煤矿用低浓度载体催化式甲烷传感器》和《AQ6211—2008 煤矿用非色散红外甲烷传感器》。热催化传感器可以准确地检测低浓度的 CH_4，但是无法进行高浓度甲烷的测量（当甲烷浓度高于5%时，为保障传感器不受高温影响而受损坏，传感器电源需要关闭来进行保护），而高浓度的沼气泄漏在农村沼气应用中经常发生。此外由于沼气中含有大量的 H_2S，会对热催化元件造成致命的损坏，大大降低热催化传感器的寿命。红外光谱甲烷检测方法分辨率高，能够同时满足高浓度甲烷和低浓度甲烷的检测要求，因此在甲烷泄漏报警领域将逐渐取代热催化方法。

需要注意的是，由于采用光学测量，液态的水分以及粉尘会对红外测量信号造成干扰，为保证检测仪器正常工作，气体进入检测仪之前需要通过一个特殊的过滤装置将粉尘以及沼气中的液态水过滤。仪器使用完毕，将过滤装置清洗后可以重复使用，开启气泵抽取空气可自动清洗传感器管路。

从原理上讲，红外光谱方法不能分析测试对称结构无极性双原子分子及单原子分子气体，比如测量沼气成分中的 H_2S、O_2，需要增加电化学的检测装置。

第二节　加热设备运行维护

目前，对沼气发生器进行保温加温的措施有：

① 给发生器增加保温材料，比如，利用不易传导热量的材料制取发生器，或者

在发生器外面给其增加一层保温材料。

②　修建到地下，利用地热给其保温增温，或者在冬天给其上面建造日光温室。

③　利用外部热源直接给其进行加温（太阳能沼气罐就是利用太阳这个外部热源对沼气罐进行加温）。常见的沼气池加温方式包括电热膜加温、太阳能加温、化石能源热水锅炉加温、发电余热加温等多种方式。

由于沼气池占地面积大，保温性能差，在北方地区冬季气温低，不能正常产气，因此沼气在北方的推广就受到了客观上的限制。太阳能装配式发酵沼气罐，采用超导技术和高分子新材料制成。这种新技术的运用，彻底改变了沼气池"用半年闲半年"的现状。这种新型沼气罐设计巧妙，采用装配式组件加工而成，罐体大小可自由组装，便于运输，可批量化生产。同时该设备增添了太阳能加热设备，在冬季利用太阳能增温，改善罐内发酵环境，从而实现在北方地区低温状态下仍能正常产气。且该装置巧妙地采用了廉价的自动加压装置，从而保证了沼气的正常运用。该装置体积小，功能齐全，产气快，产气多，一年四季都能正常产气，一个两立方的球罐体，只需加入适量的秸秆、草料或牲畜排泄物，加入新型低温发酵剂，仅十余小时的初发酵就可满足家庭炊事、洗澡、照明所需的能源。一次投料可使用四个月左右，比秸秆气化炉方便、卫生、安全、实用、也更可靠。

太阳能经济性集热温度与沼气生产温度的匹配提供了太阳能集热技术与生物质厌氧发酵技术互补的基础。目前平板式、真空管式太阳能集热系统的集热温度普遍可达到 60℃。而生物质厌氧发酵则随着温度的升高存在两个产沼气高峰，一个在 37℃附近，另一个在 52℃附近。显然，利用 60℃的太阳热能可以实现生物质高温发酵（52℃附近）和中温发酵（37℃附近）。

太阳能加热的沼气系统是将太阳能集热与生物质厌氧发酵两项技术集成，利用太阳能集热器收集太阳能，以水为热媒供给发酵罐，来满足发酵所需的热量，使之突破了昼夜、季节、气候等不利因素的束缚，实现了连续稳定供能。系统完成了由不稳定的、较低品位的太阳能和生物质能向稳定的、高品位的沼气化学能的转化，从而相比传统的沼气发酵，实现了恒温高效产沼气的过程。研究太阳能加热的恒温沼气池产气性能，对于寻求太阳能集热与生物质厌氧发酵匹配优化技术，提高系统的热力性能、产气性能、经济指标及环境效益，有利于促进可再生能源技术的推广，提高可再生能源的利用。

太阳能加热的恒温沼气池主要是由太阳能集热器、发酵器、辅助加热装置等构成。在沼气池上面建太阳池来给沼气池增温，夜间用保温材料覆盖太阳池顶部以减少热损，次日早上太阳池中水温能够保持在 30～35℃，在加料时用来稀释物料提高温度。太阳能集热器倾斜安装在发酵罐上方作为顶盖。太阳能集热器与一个浸入式热交换器相连接，以水为热媒向料液提供热量，顶盖下方的密封空间用于储存沼气。将太阳能集热器作为沼气池的上盖，不仅减少了发酵罐的热损失，而且促进了发酵罐的热平衡。

两种典型的太阳能加热的高温厌氧发酵系统如图 4-5 所示，两种装置虽然结构形式不同，但主要都是由太阳能集热器、发酵器、辅助加热装置等构成。

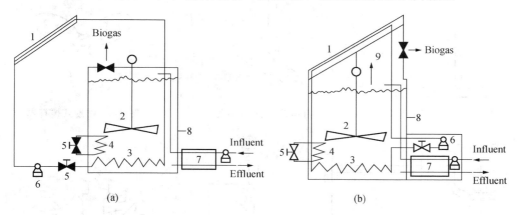

图 4-5　装置示意图

（a）分体式系统；（b）一体式系统

使用太阳能加热装置及余热回收装置，发酵温度为 50℃时，一体式装置的总热量利用率可达到 95%；使用余热回收装置可使进料的温度高于环境温度 10～20℃；系统的日平均温度波动范围可控制在±1℃，年平均温度波动可控制在±5℃内；与传统加热方式相比，以上两种装置在环保性和经济性都有很大提高。

在环境平均温度为 8.6℃下，此装置能够在 30±2℃下稳定运行，利用太阳能加热装置解决了我国北方地区冬季户用沼气难以正常发酵的问题，是一种新型高效全天候的沼气发酵装置。

通过对太阳能集热面积、沼气产量与辅助电量之间的关系的研究，当太阳辐射量为 13.2 兆焦/平方米，集热面积为 3.85 平方米，可以保持 6 立方米的发酵罐在北京最冷月发酵温度在 20±1℃下稳定运行，池容产气率可达 0.2～0.25 立方米/立方米·天，并且比较研究了该装置在 15℃、20℃和 25℃下的产气效率，结果显示 20℃需要集热面积为 3.85 平方米，池容产气量为 0.2～0.25 立方米/立方米·天，25℃下需要集热面积为 4.91 平方米，池容产气率为 0.2～0.27 立方米/立方米·天。因而得出在 20℃下最经济，能源利用率最高。

第三节　搅拌装备运行维护

搅拌在沼气工程中是十分必要的。搅拌装置按其作用原理可分为三类：机械搅拌、水力搅拌和沼气循环搅拌。

1. 机械搅拌装置

机械搅拌是搅拌器直接作用于发酵料液，通常由驱动电机、减速装置、传动轴、桨叶和气封装置等组成。根据叶轮的形式分为桨式、锚式、框式、螺旋式和涡轮式等几种，其结构如图4-6、图4-7、图4-8、图4-9、图4-10所示。

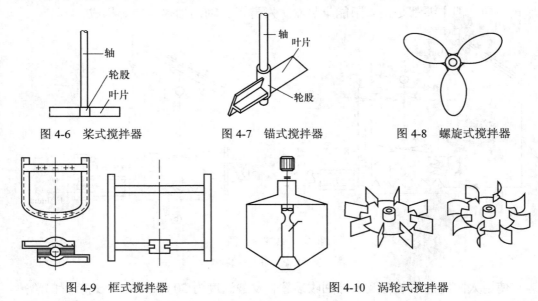

图4-6 桨式搅拌器　　　图4-7 锚式搅拌器　　　图4-8 螺旋式搅拌器

图4-9 框式搅拌器　　　　　　　图4-10 涡轮式搅拌器

2. 水力搅拌器

水力搅拌器在沼气工程中的应用主要有两种形式，即射流搅拌（如图4-11所示）和泵循环搅拌（如图4-12所示）。水力搅拌装置搅拌效果好，设备结构简单且经济，但耗能大。

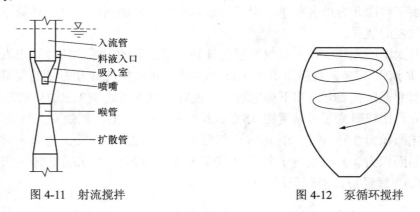

图4-11 射流搅拌　　　　　　　图4-12 泵循环搅拌

3. 沼气循环搅拌

沼气循环搅拌器是沼气经压缩加压后再通过各类分布器进入沼气池中，池内发酵料液在气体的推动下，形成流动而达到搅拌的作用。在沼气工程中，沼气循环搅拌有如下四种形式：

（1）气体升流式（参见图4-13）：经压缩的沼气从池内中心管进入，中心管的出气口位于沼气池的底部或中部，沼气从底部升起而形成搅拌。

（2）气体扩散式（参见图4-14）：在沼气池底部设置一个气体扩散器，利用沼气压力冲动发酵料液并使之循环流动，从而达到搅拌作用之目的。

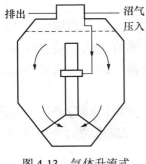

图 4-13　气体升流式

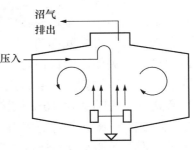

图 4-14　气体扩散式

（3）池底配管压入式（参见图 4-15）：在距沼气池底四分之一池高处装一气体分布器，压缩沼气由分布器进入发酵料液并向上运动，使沼气池内发酵料液流动而达到搅拌的目的。

（4）竖管式（参见图 4-16）：压缩沼气进入稳压罐稳压后，经输气管进入气体分布管，再进入插于沼气池内的竖管，最后，气体从沼气池下部射出并向上运动，从而起到搅拌作用。

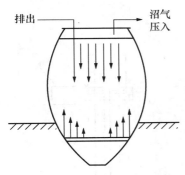

图 4-15　池底配管压入式

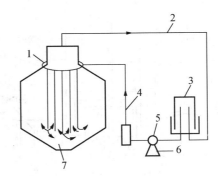

图 4-16　竖管式

1—气体分布器；2—沼气排气管；3—储气柜；4—沼气输气管；

5—压缩机；6—稳压罐；7—发酵池

第四节　进出料装备维护

1. 半液态和液态原料的输送

半液态和液态原料的输送常采用各种粪便泵。常用的粪便泵有离心式和螺旋式。

（1）离心式粪泵

离心式粪泵参见图 4-17。它和一般离心泵的不同处是：

一般为立轴式；

叶轮为敞开式或半敞开式；

在吸口外有切碎刀；

有两个出料口：一个通向输液管，另一是旁通口，通向原容器。工作时粪便泵伸入液态粪，刀片可将底部的垫草、干草或青贮料等残存物切碎后随同液粪由粪泵吸入。如输液管关闭，旁通口打开，液粪被泵入原容器，起到对液粪的搅拌作用；反之则液粪从输液管打出，起输送作用。

离心式粪泵可输送含 10%～12%干物质的液粪，可以用阀门来控制泵的流量，压头为 73～216 千帕，所需功率为 48 千瓦以上，常用拖拉机动力输出轴驱动。当用作搅拌时，搅拌范围可达 15～22 米。

（2）螺旋式粪泵

螺旋式粪泵见图 4-18。它由一垂直搅龙和一离心泵组合而成，垂直搅龙下有粉碎器和搅拌器。粪便先被螺旋桨式搅拌器搅匀，然后被吸入泵内，由销齿式粉碎器将茎秆等残余物粉碎，再由垂直搅龙向上输送，再由离心泵泵出。螺旋式粪泵可输送含 2%～25%干物质的粪便，其正常流量为 70～100 立方米/小时，压头为 147～196 千帕，垂直搅龙和离心泵转速为 960～1500 转/分钟，所需功率 10 20 千瓦，可由电动机或拖拉机驱动。

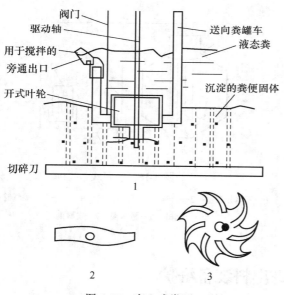

图 4-17 离心式粪泵

1—结构简图；2—切碎刀；3—敞开式叶轮

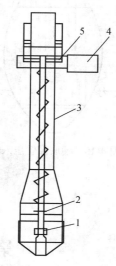

图 4-18 螺旋式粪泵

1—搅拌器；2—粉碎机；3—搅龙；
4—离心泵；5—管道

2. 人力出料器

也叫手拉抽粪器。具有制作简单、造价低廉、使用方便等诸多优点，能抽取软质可流动的沼液沼渣，适合农村小型户用沼气池平时零星抽取沼肥之用。

人力出料器可自己制作，也可购买。主要由手拉活塞和活塞出料筒两部分组成。活塞出料筒可采用优质的塑料管拼装，内径110厘米，长度2.5～3.5米。下端设置进料阀，上端设置活塞拉杆定位板。活塞由阀片和拉杆组成，进料阀和活塞阀片的制作工艺对使用效果影响很大，选择厚度适中的软质橡皮垫做阀片比较理想（见图4-19）。

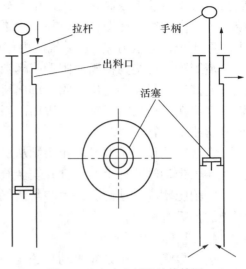

图4-19 人力出料器结构简图

通过人力手拉，使活塞在活塞出料筒内上下往复运动，当活塞上行时，活塞阀片在粪水重力和大气压力作用下处于关闭状态，而活塞阀上部空间形成一定的负压，下端进料阀筒内压力低于筒外大气压力，进料阀片自动打开，料液进入出料筒。当活塞下行时，进料阀片关闭，活塞阀片被筒内料液冲开。料液进入活塞阀上方，活塞继续上行将料液拉高位移从出料口排出（见图4-20）。

出料时，把抽粪器通过水压间的出料管斜插入沼气池的发酵间（见图4-21），上下抽动拉杆即可把沼肥抽出。

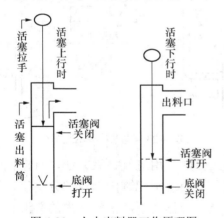

图4-20 人力出料器工作原理图   图4-21 人力出料器使用简图

3. 排气引射沼肥车

排气引射沼肥车，是靠机动车的发动机排气管的废气流做功，抽吸沼肥的一种沼肥车，主要由排气引射器、沼肥罐、安全阀及进出料管组成（见图4-22）。排气引射器由喷嘴、吸气室、扩散管等组成，喷嘴与发动机排气管连接相通，吸气室通过吸气管与沼肥罐连接相通；沼肥罐上安装有安全阀，后部有进出料管，并设有便于观察罐内液量高度的钢化玻璃观察窗或透明示液管。

排气引射沼肥车的工作原理是，发动机工作过程中，排出的废气流经过引射器的狭窄喷嘴后就形成高速气流，由于高速气流的引射作用，使喷嘴处造成真空。抽吸沼肥罐内的空气逐渐稀薄，使沼肥罐内形成部分真空，沼气池内的料液与沼肥罐内腔形成一定的压力差，在大气压力作用下，沼气池内的料液就被吸入到沼肥罐内。

沼肥罐的结构为横断面圆形或椭圆形，可用 4 毫米厚的普通钢板焊接制作而成，后部装接进出料管和进出料阀。进出料管可在罐体上部安装进料管，下部安装出料管，也可在罐体后端下部设一进出两用管。罐体上部连接安全阀系统，前部可布设观察窗或示液管。

安全阀的作用主要是防止沼肥从引射器喷出车外，当沼肥罐内装满料液时，安全阀浮子带动阀芯杆上升，打开安全阀门，大气中的空气即从打通的安全阀门进入密封的沼肥罐内，使沼肥罐内腔与沼气池内的料液达到大气压力的平衡，自动停止沼肥的抽吸过程。

4. 进气自吸沼肥车

进气自吸沼肥车是靠机动车的发动机进气管直接抽吸沼肥罐内的空气做功而自动抽吸沼肥的一种沼肥车。主要由吸气装置、沼肥罐、安全阀及进出料管组成。吸气装置一端与发动机进气管连接相通，另一端与沼肥罐连接相通（见图 4-23）。沼肥罐的构造与排气引射沼肥车基本相似。

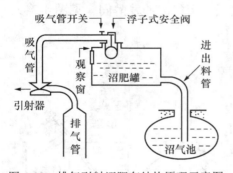

图 4-22 排气引射沼肥车结构原理示意图

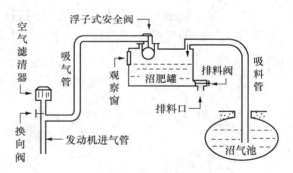

图 4-23 进气自吸沼肥车

进气自吸沼肥车的工作原理是，当发动机工作时，用进气自吸方法，直接把沼肥罐内的空气吸入发动机工作室作为助燃气体，逐渐使沼肥罐内形成部分真空，沼气池内的料液与沼肥罐内腔形成压力差，在大气压力作用下，沼气池内的料液自动吸入沼肥罐内。

由于该车把沼肥罐内的空气直接作为助燃气体，为保护发动机的工作气体相对纯净，应在沼肥罐内安装滤闷，一是正常地过滤空气，二是万一操作失误，防止料液直接进入发动机汽缸。

5. 专用沼肥简易机动车

专用沼肥简易机动车一般由简易农用三轮车底盘、旋片式机械真空泵和罐体三大部分组成，与排气引射沼肥车、进气自吸沼肥车的主要区别是采用了旋片式真空泵作为专用吸气装置。由于真空泵的抽吸力更大，能抽吸较稠的及含有较大颗粒的沼液、沼渣，适用范围广，生产效率高，是目前农村沼气生产中推广普及的专用于抽送沼肥的服务车型。

专用沼肥简易机动车利用单级旋片真空泵不断地抽吸罐体内的空气，使之逐渐形成真空，靠真空抽力把沼气池内的沼渣、沼液吸入罐内。

由于专用沼肥简易机动车结构简单，操作方便，功能适用，价格相对偏低（1万～1.5万元），很适合小型机加工企业生产和农民自制改装。

第五节　后处理装备运行维护

沼气的净化主要是对沼气中的 H_2S，H_2O，CO_2 和卤化混合的去除：脱硫是为了避免腐蚀设备和 H_2S 中毒，如果沼气燃烧放出 SO_2/SO_3，会比 H_2S 造成更大的危害，SO_2 会降低露点，硫酸有高腐蚀性；脱水是因为导气管中如果积累了水会溶解 H_2S 而腐蚀管道。此外当沼气被加压储存时，为了防止因为凝结水而冻坏储气罐，也必须对水进行去除；去除沼气中 CO_2 是因为 CO_2 降低了沼气的能量密度，如果所用的沼气需要达到天然气标准或者被用作汽车燃料，那么就必须对其中的 CO_2 进行去除；如果只作为一般的没有特殊要求的用途，就没有必要脱除 CO_2。

（一）沼气中 H_2O 的去除

1. 冷凝法

不同的温度下沼气中饱和水蒸气的含量不同，在 35℃时水的含量接近 5%，在输入天然气网前沼气中的水必须去除。针对不同的净化工艺，在各个阶段有不同的方法。在压缩之前需除去冷凝水，在吸收净化工艺之前也常常需要对气体进行干燥。主要有冷凝法和吸收法，最常用的为冷凝法。即在热交换系统中通过冷却器冷却气体而除去冷凝水。

这种方法由于是在热交换器的表层冷却，通常比露点低 0.5～1℃，为了取得更低的露点，必须在冷凝之前先压缩气体，然后再释放到需要的压力。

2. 吸附干燥

吸附干燥是指通过硅胶、氧化铝或氧化镁等干燥剂来吸收气体中的水分，待干燥的气体通过吸附床中的干燥剂被干燥。通常使用两套装置，当一个工作的时候，另外一个可以再生。干燥剂的再生可以通过两种途径：一种是可以用一部分（3%～8%）的高压干燥气体再生干燥剂，这部分气体可以重新回流至压缩机入口。另外一种是在常压下，用空气和真空泵来再生干燥剂，此法会把空气混入沼气中，一般不会用。

3. 吸收法

水可以被乙二醇、三乙二醇和吸水性的盐吸收。有许多种盐都有不同的吸水性，通常在干燥吸附塔中填充上小颗粒盐。待干燥气体从底部通入。被水溶解了的饱和盐溶液积累在吸收塔的底部，通过阀门排出，然后换上新盐颗粒，盐一般不用再生。在一般工业应用干燥器中，不同的盐露点通常在 $10 \sim 15℃$ 之间。

（二）沼气中 H_2S 的去除

H_2S 总是存在于沼气中，尽管其含量因为发酵原料的不同有所变化，但是必须予以去除，以免腐蚀压缩机、气体储存罐和发动机。H_2S 可以和大部分金属反应。并且随着浓度和压力的变化反应也会改变。由于 H_2S 的存在会导致很多问题，所以在沼气净化过程中应尽早予以去除，最常用的方法如下。

1. 生物降解工艺

沼气中的 S 可以通过微生物被去除。大部分的硫氧化细菌都属于硫杆菌属，且大多都是自养的，即它们可以利用沼气中的 CO_2 来满足其 C 营养的需要，主要生成物是单质硫，也有部分硫酸根，在溶液中形成硫酸会造成腐蚀。根据沼气中不同的 H_2S 含量，可以往沼气中通入 $2\% \sim 6\%$ 的空气，以满足生物氧化硫化物的需要。

最直接和简单的方法是直接往厌氧消化罐或储气罐中通入一定量的氧或空气并保持一定时间，因为硫杆菌随处可见，所以并不需要接种。消化物的表面可以提供给它们一个微观好氧环境和必需的营养以供它们生长，并会形成菌落上面附着一层黄色的硫。适当的温度、反应时间和空气量可以使 H_2S 减少至 50ppm。对于不同的甲烷含量，沼气在空气中的爆炸范围为 $6\% \sim 12\%$，所以必须采取一定的安全措施以避免给沼气中通入过量的空气。

2. 生物滤床工艺

在大型厌氧消化罐生产沼气中，水洗和生物脱硫常常被联合起来用以去除 H_2S，可以使用废水或者消化罐中的上清液从滤床顶部通入，沼气从底部通入，进入滤床前的沼气中通入 $4\% \sim 6\%$ 的空气，滤床为水吸收 H_2S 和脱硫微生物的生长都提供了一个充足的接触面。某些工业污水处理厂和很多农场发酵产沼气都在使用此种工艺净化沼气。

3. 消化污泥中加氯化铁工艺

直接往消化污泥中加入氯化铁，氯化铁会和 H_2S 反应形成硫化铁盐颗粒。这种方法可以使 H_2S 的产生量大为减少，但不能减少到天然气或汽车燃料所要求的水平，需要再进一步处理。这种去除工艺的投资成本较少，只需要一个盛氯化铁溶液的罐子和一个定量泵，主要成本是氧化铁产生的。

4. 氧化铁吸收工艺

H_2S 易与氢氧化铁、氧化铁反应生成硫化铁，此反应是略微的吸热反应，最低温度要求 12℃，最佳反应温度为 $25 \sim 50℃$，所以需要加热。因为氯化铁的反应需要一定量的水，所以沼气不能太干，但是应该避免生成冷凝水使球状氯化铁黏在一起，减少了反应表面。

产生的硫化铁可以被空气氧化再生，生成氧化铁或者氢氧化铁和硫单质，再生过程中会放出大量的热，因此常常会发生自燃。由于在氧化铁的表面上会覆盖一层硫单质，所以在经过很多次重复使用后，就需要更换氧化铁和氢氧化铁。通常，一个装置中配有两个反应床，当一个在进行脱硫的过程中，另一个可以进行再生。

5. 氧化铁木片吸收工艺

在木片上覆盖一层氧化铁相对于相同量的氧化铁有更大的比表面积和较低的密度，大约 100g 的氧化铁木片可以吸收 20g 的 H_2S。这种方法价格相对较低，但是必须注意再生氧化铁过滤器的时候温度不能太高。

6. 赤泥颗粒吸收工艺

氧化铝生产中产生的废物赤泥可以被做成颗粒状用来吸收 H_2S，它有着更大的比表面积，不足之处就是密度比氧化铁木片大得多。

7. 活性炭吸附工艺

在变压吸附系统中 H_2S 可以通过用碘化钾浸泡过的活性炭去除，H_2S 被转化为单质硫和水，硫被活性炭吸收，此反应最佳条件为：压力（7～8）×10^5 帕，温度 50～70℃，在压缩气体的过程中很容易使温度达到 50℃ 以上。通常气体停留时间为 4～8 小时。在连续运行的情况下，系统要包含两个吸附装置，如果 H_2S 的浓度在 3ppm 以上，需要进行再生。

思考复习题

1. 人力出料抽粪器结构原理是什么？
2. 机动沼肥泵工作原理是什么？
3. 出料机具应用注意事项有哪些？
4. 怎样进行后处理装备运行维护？

第五章 综合利用与培训管理

第一节　沼气在农业生产中的应用

一、沼气在日光温室中的应用

    最近几年，在我国北方地区大力发展了"四位一体"能源生态系统模式。这种系统将猪舍、沼气池、太阳能蔬菜温室、厕所有机地结合起来，充分发挥了能源、生态、环境效益，促进了北方养猪业和冬季蔬菜生产的发展，给农户带来了很大的经济效益。这种"四位一体"也为沼气的利用开拓了新的领域。"四位一体"生态系统的平面示意图见图 5-1。

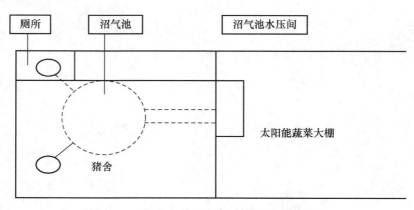

图 5-1　"四位一体"生态系统的平面示意图

沼气在这种太阳能蔬菜大棚中的应用有两个方面：一是燃烧沼气为大棚保温和增温，二是沼气中的二氧化碳作为气肥促进蔬菜生长。

（一）利用沼气为大棚增温和保温

燃烧 1 立方米沼气可以释放大约 23000 千焦的热量，可用这一数据来确定不同容积的大棚增保温所需沼气量。例如大棚长 20 米，宽为 7 米，平均高为 1.5 米，其容积为 210 立方米。每 1 立方米空气升高 1℃大约需要 1 千焦的热量。若要将上面所提到的大棚升温 10℃，在不考虑散热的情况下，需要燃烧沼气为：$210 \times 1 \times 10/23000 = 0.1$ 立方米沼气，由于大棚保温性能不高，大部分热量散失很快。所以通常大棚内每 100 立方米设置一个沼气灶或者 50 立方米设置一个沼气灯。

（二）利用沼气为蔬菜大棚提供二氧化碳气肥

大气中的二氧化碳浓度通常在 0.03%左右。作物进行光合作用合成有机物时，二氧化碳是主要碳源，因此增加大棚内二氧化碳浓度可加速蔬菜的生长。不同二氧化碳浓度对蔬菜生长的影响见表 5-1。用人工方法将二氧化碳浓度提高到 0.1%以上，可大大提高蔬菜产量。冬季用沼气增加二氧化碳浓度后西红柿产量可提高近两倍，见表 5-2。

在北方"四位一体"系统中，大棚内新增二氧化碳主要有三个来源：一是棚内燃烧沼气；二是土壤内的有机物被微生物分解释放二氧化碳；三是位于大棚内的沼气池水压间释放二氧化碳。

表 5-1 不同二氧化碳浓度对蔬菜生长的影响

二氧化碳	芥菜		黄瓜	
	株高	单株重	单株叶面	干叶密度
0.02%~0.03%	44.9	7.8	1888.6	0.01975
0.08%~0.11%	66.8	12.5	4014.3	0.02575

大多数蔬菜的光合作用强度在上午 9 点左右最强，因此增加二氧化碳浓度最好在上午 8 点前进行。

表 5-2 沼气加温大棚西红柿试验结果

采收时间	试验区	对照区	增产（%）
11 月 10 日	8.65	6.8	27.2
11 月 17 日	6.60	4.0	65.0
11 月 27 日	7.6	0	
12 月 4 日	8.75	0	
总计	31.6	10.8	192.6

增加棚内二氧化碳的浓度措施还需要与足够的水肥条件相配合。燃烧沼气以至棚内温度过高时应及时通风换气。新建沼气池或大换料时，有的地方需对发酵原料进行堆沤处理，这种堆沤将释放氨气等有毒气体，因此千万不能在有蔬菜的棚内进行。

二、沼气保鲜水果

沼气作为一种环境气体调节剂用于水果储藏，可降低水果的呼吸强度，减弱其新陈代谢，滞迟后熟期同时使水果产乙烯作用减弱，从而使水果能较长时间保鲜和储藏。具体做法如下：

1. 采果

采果应选择晴天，露水干后进行。采收时要用果剪，轻拿轻放，不要碰伤果子。

2. 预储

选择干燥、阴凉、通风的地方对果子进行预储，目的是使果皮蒸发少量水分，释放"田间热"。减轻果皮细胞膨压，使果皮软化，略有弹性。预储时间为 2 天左右。

3. 储藏装置

沼气储藏水果的装置有膜罩式、储藏室式、箱式等几种。所有储藏装置都应选择在通风、清洁、温度相对稳定、昼夜温差小的地方。

（1）膜罩式储藏装置。这种储藏装置由塑料薄膜建造。选用的塑料薄膜厚度为 0.20～0.25 毫米，机械强度大、透明、热密封性好。可按具体需要将其压制成不同容量的大帐。大帐分为帐顶和帐底两部分。在紧靠帐顶的中央设置抽气袖口，紧靠帐底中央设置充气袖口。帐顶四壁中部需留取气样的小孔。帐底除用塑料薄膜外也可用砖、河沙代替。此时帐顶膜与底部的连接处要用湿的泥沙密封以免漏气。另外要预先埋好沼气进气管，和加水管。

（2）储藏室。储藏室的储藏量较大，因此储藏室空间可以分成相互隔离的小室，水果则装在筐内放在各个小室之中。

储藏室用砖和水泥沙浆砌筑。要设置沼气进气孔、排气孔以及进出的门。门与框之间一定要密封好。通常用胶皮就能达到要求。

储藏室的底部设置沼气扩散器，这种扩散器用塑料管钻孔后制成，目的是达到沼气由下向上均匀扩散。扩散器通过进气孔与沼气相连。有条件购置氧气监测仪的地方，可将排气孔与监测仪相连。

（3）箱式储藏装置。这种装置储藏空间较小。它用水泥沙浆、砖建成。箱口用塑料薄膜密封。整个装置除了要求密封外，还要设置沼气输入管、排气孔和加水管等。

4. 水果的储藏

入库前需要对储藏空间及四壁进行消毒。一般采用每 1 立方米储藏空间用 2.6 升福尔马林加入等量水熏煮。也可用福尔马林喷洒，每 1 平方米面积用量为 30 毫升。消毒之后需要通风 2 天才能放入水果。

5. 储藏过程中的管理

（1）沼气用量的控制。一般情况下沼气通入量为每立方米储藏空间每天输入 0.01～0.03 立方米沼气。储藏前期输入量可少一些。当气温较高，水果呼吸增强，适当加大输入量。应用实践表明，沼气的输入量因品种、环境条件的不同而难以制定一个统一的标准。

（2）翻果。入库后 1 周翻果 1 次，将有损伤或变质的果子取出。以后每半个月左右结合换气翻果 1 次。

（3）温度、湿度控制。一般要求储藏温度为 4～15℃，超过 15℃时要特别小心，超过 20℃则储藏不能进行。过高温度容易导致水果腐烂，过低温度会冻坏，影响其品质。

（4）周围消毒。每 20 天左右，用 2% 的石灰水对储藏室外地面、外墙进行消毒。

（5）出果。出果之前应先通风 3～5 天，以便让水果逐步适应库外环境，防止出库后"见风烂"。

（6）防止火灾、爆炸等事故发生。沼气是一种可燃气体，一份沼气与大约 20 份空气混合时，遇火就会发生爆炸事故。因此严禁在储藏室内吸烟、点灯。

6. 储藏效果

在保果率大于 80%，失重小于 10% 的情况下，一般可以储藏 90 天以上。沼气储藏柑橘效果见表 5-3。

表 5-3   沼气储藏柑橘效果

地点	柑橘种类	储藏时间（天）	保果率（%）	失重（%）
井矿	甜橙	179	87.2	3.09
开县	甜橙	150	91	5~7
金华市	蜜橘	89	81.69	10.40
金华市	碰柑	67	88.71	8.46

三、沼气储粮

沼气储粮的主要原理是减少粮堆中的氧气含量，使各种危害粮食的害虫因缺氧而死亡。沼气储粮方法分为农户储粮和粮仓储粮两类。

（一）农户储粮

农户储粮一般量很少，常用坛、罐、桶等容器。具体方法是用木料做一个盖，盖上钻两个小孔（孔径以能插入沼气进出管为准）。一个小孔插入进气管，另一个小孔插入出气管。进气管与一根沼气分配管相连。沼气分配管可由竹管制成，方法是打通竹节。但保留最后一个竹节，在竹管周围每隔 5 厘米钻一个小孔。将留有竹节的一端插入装粮容器的底部。出气管可以再连接沼气压力表和沼气炉。采用这种方法，每次用气时，沼气就自然通过粮堆。因此这种连接法要求每个部位均不能漏气，图 5-2 为农户沼气储粮示意图。

器盖与容器连接处，进出气管与容器盖的连接处需用石蜡密封，盖上要压重物。另一方法是出气管不连炉具，每次通入沼气时，打开出气管开关，排出的沼气放空，通完再关闭出气管阀门。要求每 15 天通 1 次沼气，每次沼气通入量为储粮容器容积的 1.5 倍。这种储粮方式可串联多个储粮容器，装置示意见图 5-2。

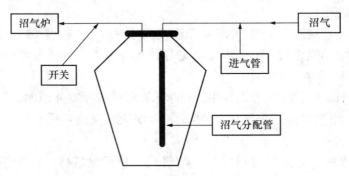

图 5-2　农户沼气储粮示意图

（二）粮库储粮

粮库储粮数量很大，它由粮仓、沼气进出系统、塑料薄膜封盖组成。关键是各部分必须密闭不漏气。储粮装置见图 5-3。

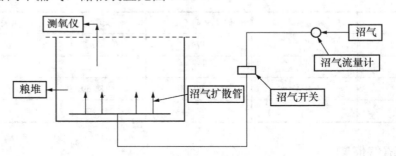

图 5-3　沼气粮库储粮系统示意图

（1）储粮装置安装。在粮堆底部设置"十字形"、中上部设置"井"字形沼气扩散管。扩散管要达到粮堆边沿；以利沼气能充满整个粮堆。扩散管可用内径大于 1.5 厘米的塑料管做成，每隔 30 厘米钻一个通气孔。十字形管与沼气池相通。其间设有开关。粮堆周围和表面用 0.1～0.2 毫米厚的塑料薄膜密封。在粮堆顶部的薄膜上安设有一根小管作为排气管，排气管可与氧气测定仪相连。

（2）沼气输入量。在检查完整个系统，确定其不漏气后方可通入沼气。在系统中设有二氧化碳和氧气测定仪的情况下，可用排出气体中的二氧化碳和氧气来控制沼气输入量。当排出气体中的二氧化碳浓度达到 20% 以上，氧气浓度降到 5% 以下，停止充气并密闭整个系统。以后每隔 15 天左右输入沼气，输入时仍按上述气体浓度控制。在无气体成分测定仪的情况下，可在开始阶段连续 4 天输入沼气，每次输入量为粮堆体积的 1.5 倍。之后每隔 15 天输一次沼气，输入量仍为粮堆体积的 1.5 倍。注意输入沼气时应该打开排气管。

（3）注意事项。要经常检查整个系统是否漏气。沼气管、扩散管若有积水，应及时排除。为防止火灾和爆炸事故发生，严禁在粮库内和周围吸烟、用火。沼气池的产气量要与通气量配套。若沼气池产气量或储气量不够，可连续用 2 天时间输入所需沼气量。在预计通气前，可向沼气池内多添加一些发酵原料，以保证有足够的沼气可用。

（4）储粮效果。沼气储粮无污染，价格低。在粮食收获季节温度高，沼气池产气也好，更有利于采用沼气储粮方法。目前，这一方法已得到较为广泛的应用。沼气储粮效果见表 5-4。

表 5-4 沼气储粮效果

处理	水分（%）	仓内温度	出燥率（%）	虫数（个）	发芽率（%）	酸度
对照仓	14.8	39.0	75.6	182	85	4.80
供试仓	12.8	24.0	76.3	0	89	1.46
供试仓比	降低	降低	增加	减少	提高	降低
对照仓	13.5%	39.5%	0.39%	100%	4.71	3.29

第二节　沼液在种植业中的应用

一、沼液浸种

（一）沼液浸种技术要点

沼液浸种就是利用沼液中所含的"生理活性物质"、营养组分以及相对稳定的温度对种子进行播种前的处理。它优于单纯的"温汤浸种"、"药物浸种"，具有出芽率高、幼苗生长旺盛，能防治某些病虫害、作物产量高等优点。沼液浸种方法简单，几乎不需要额外投资，因此得以较为广泛地应用并产生了较大的经济效益。全国每年浸种面积都在 100 万公顷以上。沼液浸种技术要点如下：

（1）对种子的要求。要使用上年生产的新种良种。浸种前对种子进行翻晒，通常需要晒 1～2 天。对种子进行筛选，清除杂物、秕粒，以确保种子的纯度和质量。

（2）对沼液的要求。应使用大换料后至少两个月以上的沼气池沼液。因较长时期没有换料，因而产气不多的沼气池沼液也可使用。

在没有检测仪器的情况下，判断沼液能否使用的简单方法就是观察沼气的燃烧情况。凡沼气燃烧时火苗正常，不脱火，没有臭味表明沼气发酵正常，这种沼液可用于浸种。用沼气灯检查则更为方便和直观，凡沼气灯不燃时，沼液不能使用，相反灯能点燃，沼液就可使用。水压间料液表面如有一层白色膜状物时沼液也不能使用。

由于浸种使用水压间沼液，故水压间进了生水、有毒污水（如农药、消毒水等）或倒进了新鲜人畜粪尿时沼液不能用于浸种。浸种沼液 pH 值在 7.2～7.6 之间，农户沼气池发酵正常时都能达到这一指标。

（3）具体操作

清理水压间：水压间的杂物及浮渣要消除干净。采用底部出料的沼气池应事先搅动水压间底部，以使部分沉渣上浮，然后取走。

装袋：选择透水性好的布袋或编织袋，装种量不能过满，在袋子上部应留 1/4 的空间（防止种子膨大把袋子胀破），然后扎紧袋口。

浸种：备好一根木杠和绳子。将木杠横放在水压间上。绳子一端系在袋口上，另一端系在木杠上，将种袋放入水压间并保证整个袋子能被沼液淹没。要注意农户使用沼气后水压间液面要下降，此时沼液也要能淹没袋子。有时沼液需要用清水稀释后用，此时可在容器中浸种。

浸种时间：根据不同品种、地区、土壤墒情确定。要在本地区进行一些简单的对比试验后确定。

种子沥干：浸好的种子取出用清水冲洗，沥去水分，摊开晾干后用于催芽或播种。

（二）水稻浸种

种子纯度应达到 95% 以上，种子发芽率应在 95% 以上。要求用上年生产的新种，陈种最好不要用沼液浸种。

（1）早稻早熟品种。稻种先用沼液浸 24 小时，再换成清水浸 24 小时。浸种用沼液可用原液（水压间浸），也可将 3/4 沼液与 1/4 清水配成浸种液用容器浸种。抗寒性较差的水稻种，沼液用清水稀释 1 倍后再用。

（2）早稻中熟品种。稻种先用沼液浸 24 小时，再换成清水浸 24 小时。浸种用沼液可用原液（水压间浸）。抗寒性较强的水稻种，沼液浸种时间用 36～48 小时。

（3）早稻杂交组合。由于杂交稻种呼吸强度大，一定要采用间歇浸种法。沼液总的浸种时间为 36～48 小时，期间每隔 6 小时，将种袋取出，用清水洗清沥干到不滴水为止，然后再用沼液浸泡。

（4）早稻种催芽方法。种子沼液浸泡后要在清水中反复清洗干净。

按一般农村用的方法催芽。注意前期种子包内水分不宜太多，只要谷粒表面不显干燥即可。水多透气不良易引起缺氧，造成酒精发酵，影响发芽。

催芽温度前期以 35～38℃ 为宜，破胸之后降至 25～28℃。如有酒味立即开包降低温度并用清水洗净。

播种前可进行炼芽。方法是将催好的芽摊开、降温；时间为半天，绝不可热芽下田。天气不好可继续炼芽。

（5）早稻沼液浸种与药剂消毒同步进行目前农村采用强氯精对种子消毒以防止水稻恶苗病发生。配合的方法是先用沼液浸种 24 小时，洗净后用强氯精液（1/500）浸泡 12 小时，洗净后再用清水浸泡 12 小时。其他要求不变。

（6）中稻沼液浸种。中稻中的杂交稻沼液浸种采用间歇法。先用沼液浸种 24 小时，取出露干 8 小时，再用沼液浸泡 12 小时，常规中稻一次性沼液浸泡 36 小时。

（7）晚稻沼液浸种。沼液浸种时间为 24 小时，采用间歇法。每隔 6 小时用清水洗净沥干后再用沼液浸泡。

（8）沼液水稻浸种效果。采用沼液浸种后发芽率比清水浸种高 8%～10%，成苗率提高 20%左右。秧苗白根多、粗壮，叶色深绿。移栽后返青快，分蘖早，生长旺盛。水稻产量可以提高 5%以上。

（三）小麦沼液浸种

（1）浸种方法。沼液浸种在播种前一天进行。将晒过的麦种在沼液中浸泡 12 小时，取出种子袋，用清水洗净，再沥干水分。将麦种取出摊开，待表面晾干后即可播种。如要催芽，可按常规方法进行。

（2）浸种效果。与清水浸种相比，发芽率提高 3%左右，具有出苗早、生长快的特点。小麦产量可提高 7%左右。

（四）玉米沼液浸种

（1）浸种方法。浸种时间为 4～6 小时，然后用清水洗净晾干即可播种。如要催芽按常规方法进行。

（2）浸种效果。与干播比较，有发芽齐、出苗早、苗势壮等优点。玉米产量提高 10%以上。

（五）棉花沼液浸种

（1）浸种方法。棉种翻晒 1～2 天后，装入袋中，将种袋放入水压间，为防止种子漂浮在液面，应在种袋上面压几块石头或吊几块石头。浸泡时间为 24～48 小时。取出袋子滤去水分，用草木灰拌和并反复轻搓，使其成为黄豆粒状即可用于播种。

（2）注意事项。棉花播种期间若遇到阴雨天，此时土壤水分含量高，若浸种后播种有可能出现烂种，因此浸种前应事先了解天气情况和土壤墒情。

（六）红薯沼液浸种

（1）浸种方法。选取大小均匀，色泽正常，无病虫害，无损伤，无冻害的薯块。将薯块放入清洁的容器中（桶、缸、水泥池等）。取正常沼液倒入容器内，直到液面超过上层薯块表面 6 厘米。浸种时间为 2 小时。注意浸泡过程中沼液有损耗应及时添加。浸完后将要种取出用清水冲洗干净，然后放在草席或苇箔上晾晒 0.5 小时，待薯种表面水分干后即可按常规方法上床育苗。

（2）浸种效果。能提高产芽量 30%左右。黑斑病发病率明显降低，壮苗率可达 99%，平均百株重为 0.16 千克（常规方法壮苗率为 67%，百株重为 0.05 千克）。

（七）花生沼液浸种

（1）浸种方法。将种子装入透水性好的粗布袋中，每袋最多装种量为 200 克。放入沼气池水压间浸泡 3 小时。取出用清水洗净并轻搓 2～3 分钟，12 小时后播种。

（2）浸种效果。种子出芽早，出芽齐。抗病力强，幼苗生长旺盛。

二、沼液叶面喷洒

1. 沼液叶面喷洒的主要作用

沼液叶面喷洒后，作物主要利用的物质是：沼液中所含的厌氧微生物的代谢产物，特别是其中的生理活性物质、沼液中的营养物质、沼液中的水分。

叶面喷洒的主要作用是调节作物生长代谢，为作物提供营养，抑制某些病虫害。

2. 注意事项

（1）必须使用正常产气沼气池的沼液，其检验方法见前面所述。

（2）喷洒量要根据作物品种、生长的不同阶段及环境条件确定。

（3）沼液喷洒应在早上 8：00～10：00。不要在中午高温时进行，以防灼烧叶片。在下雨前不要喷洒，因为雨水会冲走沼液使其不产生作用。

（4）尽可能将沼液喷洒于叶子背面，这样有利于作物快速吸收。

（5）喷洒用的沼液应用纱布或细密的窗纱进行过滤以去除其中的固形物。喷洒工具为手动或自动喷雾器。

（6）根据作物不同、目的不同可采用纯沼液、稀释沼液、沼液与某些药物的混合液进行喷洒。

3. 沼液用于杀灭蚜虫的喷洒方法

（1）杀灭小麦蚜虫主要采用沼液与农药乐果的混合液。沼液与乐果的比例为 2000：1。每亩用量为混合液 50 千克。除喷洒叶面外，在有蚜虫的茎部区应喷洒到。喷洒要在晴天进行，若喷洒后 6 小时下雨则需再喷洒 1 次。蚜虫杀灭率可达到 95% 以上，此外还有增产作用。

（2）杀灭蔬菜蚜虫喷洒所用混合液的配比为：沼液 14 千克，煤油 0.0025 千克，洗衣粉 0.005 千克。每亩喷洒量为 30 千克。通常可连续喷洒 2 天。

（3）柑橘虫害防治。柑橘发现病害时，喷洒纯沼液可起防病杀虫作用。一般情况下，红、黄蜘蛛在喷洒后 3～4 小时失去活力，5～6 小时死亡 98%。蚜虫在喷洒后 30 小时停止活动，40～50 小时死亡 94%。其他青虫在喷洒后 3 小时死亡，杀灭率达到了 99%。杀虫喷洒一般在晴天进行。

4. 某些作物的叶面喷洒方法

（1）棉花。主要在花龄期进行。每亩沼液用量约为 50 千克。第一次喷洒后隔 10 天左右再喷洒 1 次。

（2）茶叶。茶树新芽萌发 1~2 个叶片时进行，夏秋干旱季节也可进行。此外每采收一次鲜叶后喷洒 1 次。每亩沼液用量为 100 千克。

（3）西瓜。喷洒西瓜的沼液需根据不同生长期进行稀释。第一次喷洒在西瓜伸蔓期进行，沼液需稀释 50 倍。喷洒后主蔓长 30~50 厘米。第二次喷洒在西瓜的初果期，沼液稀释 20 倍。喷洒后西瓜主蔓长 80~125 厘米。长势健壮浓绿。第三次喷洒在西瓜果实膨大期，沼液稀释 10 倍，此后主蔓长 150~200 厘米，果实迅速膨大。此种沼液喷洒法结合沼渣做基肥，在有"枯萎病"的土壤区能有效防病，使西瓜产量能达到 3500 千克以上。

（4）葡萄。巨峰和玫瑰香葡萄均可用沼液喷洒来增加产量。按株计，每株葡萄每次喷洒沼液为 1 千克。喷洒季节为展叶期、现蕾开花期、初果期、果实膨大期。沼液喷洒后可增产 10%左右。

三、沼液水培蔬菜

水培用的沼液从水压间取出后需要放置 3 天以上以去除部分还原态物质。由于沼液成分变化较大，需要根据目前国内水培蔬菜采用的营养配方补充各种元素。pH 值调节到 5.5~6.0（采用 98%磷酸调节）。添加其他营养元素作为培养液，其中番茄、黄瓜产量与人工合成营养液相当，采收期也大致相同。

四、果园沼液滴灌

1. 沼液滴灌技术只适合山地果园

沼气池需建在最高处（高于果树种植区）。

2. 修建沼液沉淀过滤槽

首先要对沼液进行处理，以去除其中的固形物，防止滴孔堵塞。方法是修建沼液沉淀过滤槽，此槽围绕沼气池修建可以节省土地。有条件的地方也可将沼液沉淀过滤槽修建成长条形。过滤沉淀槽的容积为主发酵池容积的 1/4，在槽内设置多处插式过滤屏。滤屏由滤框和滤板组成。滤框形状大小由槽的横断面决定。滤板分为粗板和细板。粗板采用贝壳，厚度为 5~10 厘米。细板用聚乙烯泡沫板，厚度为 2~3 厘米。沼液流动方向先安粗板再安细板。具体安装块数要根据沼液中的固形物多少及大小决定。固形物被拦截，沼液颜色变浅就达到了目的。

3. 管道安装

主管用 PVC 高压管，埋于地下 30~50 厘米。分管采用有弹性、强度高的塑料管，埋置深度为 30~60 厘米。分管截面积小于主管截面积。柑橘树的每一根系配置 2 个滴孔。滴孔孔径通常为 1.5~2.0 毫米，滴孔总面积小于分管截面积，滴孔周围半径 5～7 厘米区域充填细石和粗沙以防滴孔堵塞。

在主流管上，每隔 20～30 米设置 1 个排淤口，口端配同径阀门。分管末端或每隔 5～10 米也应设置排淤口，此口口径较小可用橡皮塞封紧。

4. 日常管理

经常清洗滤板。检查系统是否在果树根部外漏水，若发现要立即修好。最好采用同一系统既可滴灌沼液又可滴灌清水。此时只需将水管接到沉淀过滤槽即可。

第三节　沼液在养殖业中的应用

一、沼液养鱼

养鱼用的沼液不必进行固液分离处理。通常所含的固形物比用于叶面喷洒的沼液要多。沼液和沼渣可轮换使用。由于沼液有一定的还原性，放置一段时间使用效果会更好。

（一）操作要点

施用量要根据鱼塘情况确定。一般每次每亩鱼塘沼液用量不超过 300 千克。用沼渣不超过 150 千克。每周施用不超过 3 次。施用应在暗天进行，采用泼洒方式。高温季节，鱼类生长快，需饵料多，可适当增加施用次数，具体的控制方法可参考季节和鱼塘水质来确定。一般在每年 4、5、10、11 月 4 个月，鱼塘水的透明度不低于 25 厘米，6、7、8、9 月 4 个月鱼塘水的透明度不低于 15 厘米。若鱼塘水的透明度低于上述标准，则不能施用沼液。要经常对施用沼液的鱼塘进行检查，如出现鱼浮头等问题时要及时采取增氧措施。利用沼液的鱼塘通常采用滤食性鱼和吃食性鱼混养的方法，即放养滤食性鲢鱼 30% 左右，杂食性鲤鱼、鲫鱼 40%～50%，吃食性草鱼 20%～30%。

（二）沼液养鱼效果

沼液进入鱼塘可使鱼塘浮游生物量增加见表 5-5，鱼塘光合作用加强使产氧量增加见表 5-6。沼液养鱼具有减少鱼病，节约化肥、饵料等优点，鱼产量也有一定程度的增加见表 5-7，因而有较大的经济效益。

表 5-5　沼液养鱼与常规方法浮游生物量比较

处理	1993 年			1994 年		
	叶绿素（毫克/米³）	浮游植物（毫克/升）	浮游动物（毫克/升）	叶绿素（毫克/米³）	浮游植物（毫克/升）	浮游动物（毫克/升）
沼液	107.64	21.39	1.294 3	122.56	24.51	5.50
猪粪水	81.47	16.25	1.787 4	85.50	17.10	2.95

表 5-6　沼液养鱼与常规方法鱼塘光合作用产氧量比较

处理	产氧量[克/(米³·天)]	
	8 月 3 日	8 月 19 日
沼液	3.616	5.292
猪粪水	2.786	3.228

表 5-7　沼液养鱼与常规方法两年鱼产量比较

分类	年份	鱼放种量（千克）		产量（千克/公顷）		增肉倍数		增产情况	
		沼液	常规	沼液	常规	沼液	常规	增产量	增产比
肥水鱼	1993	33.60	35.20	2748.00	2643.00	4.68	5.05	105.00	3.97
	1994	62.00	61.25	3088.50	2951.25	3.71	3.62	137.25	4.65
吃食鱼	1993	30.75	35.45	4024.50	2781.00	6.89	5.22	1243.50	44.71
	1994	48.15	46.50	4023.00	3684.00	5.55	5.32	339.00	9.20
合计	1993	64.35	70.65	6772.50	5424.00	5.79	5.14	1348.50	24.86
	1994	110.15	107.75	7111.50	6635.25	4.63	4.47	476.25	7.18

二、沼液养猪

1. 什么叫沼液喂猪

所谓沼液喂猪并不是指沼液替代猪饲料，而只是把沼液作为种猪饲料的添加剂，起到加快生长、缩短肥育期、提高肉料比的目的。一系列研究和实际应用结果表明，在猪饲料的营养成分能完全满足猪只生长要求的情况下，添加沼液喂猪并无显著作用。在猪饲料营养水平较低的情况下添加沼液有显著作用。

2. 沼液喂猪操作要点

（1）猪只和饲料台养水平的选择。猪种应尽可能选择良种杂交猪种，开始饲喂沼液时，猪只重量在 20 千克左右。猪只饲料的营养水平用消化能和可消化粗蛋白含量两项指标来确定。要求消化能 12.18 兆焦/千克左右，不能超过 13.4 兆焦/千克，可消化粗蛋白含量在 11.9%左右，不超过 13%。

（2）对沼液的要求。不产气、产气不正常、有生水和其他污水进入水压间时，沼液绝不能用于喂猪。新建成的沼气池或大换料沼气池要正常运转 1 个月后沼液才能使用。尽可能取沼气池主池中部料液，中部出料的沼气池应从出料口下 20～30 厘米处取沼液。底部出料的沼气池只能从出料口处取沼液，此时所取沼液虽然比较新鲜但沼渣含量较多，必须去除。新鲜沼液通过沉淀能去除大部分固形物，沉淀后再用纱布过滤，过滤液放置 2～3 小时就可以用于喂猪了。

（3）饲喂方法。猪只先驱虫，沼液的添加量由少至多逐步增加。待猪只适应沼液之后按饲料风干重量的 1.0～1.5 倍添加沼液。通常是将沼液拌和在饲料中供猪食用。

（4）注意事项。饲喂沼液的猪只通常有皮肤泛红、比较嗜睡的特点，这是正常现象。如发现猪只有其他不正常现象，例如腹泻，应暂停饲喂沼液。待兽医检查治疗，到猪只正常之后再逐步添加沼液。

3．沼液喂猪效果

在猪只消化能为 12.14 兆焦/千克，粗蛋白含量为 10%的条件下，按饲料量的 1.5 倍添加沼液，可节约饲料 15%左右，缩短肥育期 25%左右。由于各地农户猪饲料的营养水平差距较大，供喂沼液成分也有一定的差异，因此各地农户的实际效果也有一定的差异。

4．沼液喂猪的安全性

已有的研究和实地检测结果表明，沼液喂猪是安全的。在沼液中加入致病的猪霍乱沙门菌、大肠杆菌，再将带菌沼液稀释后注入 6 只小白鼠体内。1 周内 5 只小白鼠死亡，这说明这些病菌致病力强。将这几种病菌注入沼气发酵环境中 1 个月后再将混有病菌的沼液注入小白鼠体内，小白鼠全部存活。这说明沼气池能有效杀灭这些猪的致病菌。目前已测定了猪病原菌在沼液中的存活时间，从研究结果可看出 3 个月内致病菌已完全失活。

此外，还研究了沼气发酵对寄生虫卵发育的影响见表 5-8。这一研究结果表明猪蛔虫卵、结节虫卵、鞭虫卵及球虫卵囊等均未形成感染性虫或孢子化卵囊。表中结果还表明结节虫卵在 20 天查到分裂期卵但在 30 天时已查不到，这表明沼气发酵对寄生虫有抑制作用。

表 5-8　沼气发酵对寄生虫卵发育的影响

试验天数	蛔虫卵		鞭虫卵		结节虫卵		球虫虫卵	
	查卵数	试验	查卵数	试验	查卵数	试验	查卵数	试验
20	50	N	10	N	30	分裂期	20	N
30	50	N	10	N	—	—	20	N
40	50	N	10	N	—	—	20	N
50	50	N	10	N	—	—	20	N
90	50	N	10	N	—	—	20	N

在临床上猪的主要寄生虫为蛔虫、结节虫、鞭虫与球虫，而这几种虫都受到了沼气发酵的抑制而不再具有感染力。因此从寄生虫角度看，沼液喂猪是安全的。

用沼液喂的猪只屠宰后，对其进行了肉质感官鉴定，均达到了国家标准（GB2722—81），专家评语为：

① 色泽。肌肉有光泽，红色均匀，脂肪洁白。

② 动度。外表微干或微湿润，不粘手。

③ 弹性。指压后凹陷立即恢复。

④ 气味。具有鲜猪的正常气味。

⑤ 煮沸后肉汤。透明澄清，脂肪团聚于表面，具有香味，无异味。以上这些指标与对照无明显差异。

三、沼液喂鸡

沼液喂鸡是用沼液替代一部分水供鸡食用。一种方法是将沼液拌和在鸡饲料中饲用，另一方法是与清水混合后供鸡饮用。用沼液与饲料或与清水混合供蛋鸡、肉鸡饮用和食用，可提高产蛋率，且增重快。小鸡长到体重 0.3 千克以上可开始拌沼液饲喂。一般饲料均可拌用。沼液要求拌匀，用量以拌至不干不湿为宜。

取沼液之前必须用木棒搅几下，再从池中取沼液。正常发酵产气并已使用 3 个月以上的沼气池，均可取液。但不能从病态池中取液饲用。

1. 肉鸡的沼液饲喂方法

饲喂前肉鸡注射新城疫苗 1 系。鸡饲料组成为米糠占 11.5%，玉米占 22.32%，麦鼓占 16%，麦麸占 55.36%，沼液添加量为每只鸡 0.30 千克，占饲料重量的 79%，饲喂沼液 90 天后，比不添加沼液的鸡少饲喂 34% 左右。

2. 蛋鸡的沼液饲喂方法

不同发酵原料的沼液饲喂鸡的效果有一定差异。饲喂方法是将沼液与清水混合后供鸡饮用。用牛粪发酵的沼液来喂蛋鸡，沼液与清水的比例为 3∶7，产蛋率可达到 62.4%（不喂的为 54.68%），提高 8% 左右。

用鸡粪作为发酵原料的沼液，与清水的拌和比为 3∶7，产蛋率提高 9%；用猪粪作为发酵原料的沼液，与清水的拌和比为 3∶7，产蛋率提高 7%。

四、沼液用于其他养殖

沼液养牛蛙、蝌蚪能明显提高蝌蚪成活率，并且群体生长速度迅速加快，生长期缩短，病害明显降低。沼液还能养黄鳝、蚯蚓等动物。

沼液施于鱼塘，不仅可以改善养鱼池的条件，促使塘内浮游生物的繁殖比常规多 37%~48%，光合作用加强，产氧量增加约 46.86%；减少鱼饵消耗，同时还可减少由于施新鲜粪便带来的寄生虫及病菌，有效地控制烂鳃、赤皮、肠炎、白头白嘴病等鱼病发生，避免翻塘。鱼苗成活率可提高 10%~20%。成鲜鱼产量增产 19%~38%，而且改善鱼的品质，增加了鲜味。

200 克以下的鱼不宜饲喂沼液，饲料拌沼液喂鱼的效果也很好。对于每亩 2~2.5 米深、亩产 500 千克鲜鱼的鱼池，每周可施用正常发酵的含固体浓度 1% 的沼液 5 担左右。施用时，要根据季节、气候的变化灵活掌握，主要看水色透明度，如透明度大于 30 厘米时就施用，低于 20 厘米时就不宜施用。施用沼液应选择在晴天的上午进行。

蛋白饲料是直接影响畜牧业发展和菜篮子工程的重要因素，沼液为培养菌、藻类提供生物蛋白是目前解决蛋白饲料问题的有效途径。沼液能为藻类提供所需的碳、氮、磷及二价态铁等营养元素，所含氨基酸、脂肪酸是光合菌的氮源和碳源。非常适于小球藻、螺旋藻、光合细菌、食用菌乃至水蚤等生物。这些生物含蛋白质很高，接近优质鱼粉的水平。沼液培养物经絮状沉淀，离心处理后可做饲料喂鸡、猪、牛、羊，效果相当理想。

第四节　沼渣的综合利用技术

一、工业沼肥生产技术

农村户用沼气副产物沼渣、沼液综合利用可有效改善农村生态环境，促进农村地区经济发展。但对于一些大型养殖场、食品厂、味精厂、酒精厂的沼气发酵副产物来说由于数量太大无法像农户那样分散处理，因此，需要采取必要的工业化措施处理。工业沼肥既可以为农业生产提供必要的有机肥料，又能改善企业生产环境，增加收入，提高企业效益。沼肥生产工艺流程见图5-4。

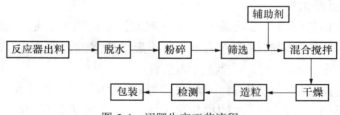

图 5-4　沼肥生产工艺流程

工业沼肥产品生产的关键问题就是固液分离过程（脱水）时营养物质的流失和辅助剂配合添加等，同时其产品规模直接受反应器处理能力的限制，原料来源在一定程度上限制商品化的进程。

二、沼渣制作棉花营养钵

沼渣中含有较多的吲哚乙酸和有机物质，可以提供作物生长所必需的生长素和肥料，同时沼渣中的有机肥料的肥力释放周期长，可以提供长效肥力。使用沼渣棉花营养钵的优点：发苗效果好，苗期、蕾期较短，现蕾开花早，有利于棉花增产增收。

（1）棉花营养钵的配制。每分苗床地用沼渣50～100千克，钙镁磷肥2.5千克，氯化钾1千克，根据棉花品种和当地气候条件选择制钵时间。

（2）移栽。当棉花幼苗长至5～6片叶时进行大田移栽。一般来说同类棉种比较，使用沼渣的棉花其第一真叶期可以提前1～2天，叶片大小和茎粗都有明显提高。同时使用沼渣后的伏前桃密度增大，整体增产效果明显。

三、玉米营养土施用沼渣

沼渣肥料作为玉米催苗的基肥使用可以使玉米茎秆粗壮，根须增加，抓地牢固，增强玉米的抗倒伏能力，与其他速效氮肥配合使用可以起到明显的增产作用，可增产 10%左右。同时沼渣和泥土按 6∶4 的比例混合后可以制作玉米营养钵用于玉米的早期育苗，当玉米苗长出 2～3 片真叶时进行移栽。这种苗转青快、发病率低，特别适用于早春玉米的种植。

四、沼渣种植香菇技术

（1）沼渣的选择及处理。选择正常发酵 3 个月的沼气池的沼渣，在阳光下暴晒，干燥后粉碎，剔除石块等大的固形物。

（2）基料配方。

沼渣 78%，木屑 20%，石膏 1%，糖 1%；

沼渣 60%，玉米；蘸 20%，麦鼓 18%，石膏 1%，尿素 1%。培养料含水量控制在 55%左右。配料应保证碳氮比为 30∶1，pH 值适中。

（3）装袋及灭菌筒袋。以高密度聚乙烯筒袋为好，先把一端扎紧加热密封后待用。将营养素、二氢钾、多菌灵用清水溶解后，加足所需水与培养料充分搅拌均匀，使其含水量约 55%左右，然后将拌好的料装入袋内封好，装袋要速度快、松紧均匀。装好的菌棒及时进锅灭菌，经 3～5 小时使锅内温度达到 100℃，保持 20～24 小时，中途不得停火、降温、缺水。

（4）接种方法。以接种箱接种为宜，接种箱接种无菌条件好，成功率高，每立方米用气雾消毒剂 4～6 克（按说明书加量）或每立方米用甲醛 10 毫升、高锰酸钾 5 克进行灭菌，30 分后常规接种。

（5）发菌期管理。发菌期管理的主要任务是调节培养室的温度和湿度，检查处理杂菌。每隔 5～7 天翻垛 1 次，同时进行刺孔工作。室内温度保持恒温 25℃左右（±2℃），空气相对湿度保持 70%以下，光线越暗越好。接种 15 天左右，接种块菌丝四处蔓延，菌丝直径达 6～7 厘米，应加强通风，达 9～10 厘米时应分期分批刺孔。30 天左右菌丝长满全袋并出现瘤状物，要及时翻垛、刺孔，使菌棒成熟一致。50 天左右进入转色期，瘤状物内大、硬、白逐渐变小、软，呈棕红色并分泌出水，应及时放出分泌物积水，严防低温和强光刺激，加强根度管理，以达到有效积温。

（6）催菇。将转色好的菌棒浸水达原重或达原重的 95%后，将它直立放在太阳光晒着的地方，上下盖铺麦草，上边再盖农膜，白天盖膜，夜晚掀开，昼夜温差达 10℃以上，反复操作，3～5 天后即有大量菇蕾出现，及时破膜、上棚。

（7）菇期管理。出菇阶段要注意温、湿、气、光四要素。子实体发育温度范围 5～25℃均可，但以 15℃最佳，气温低、菇肉厚、品质优，但产量低；气温高、发育快、菇肉薄、易开伞，色黄质差。菇期以保湿为主，前期以喷水保湿为主，后期浸水与喷水相结合。香菇为好氧生物，出菇期应注意通风换气，保持空气新鲜。

五、沼渣堆肥处理

现在农村户用沼气池多以畜禽粪便作为发酵原料，而农村的大量的作物秸秆很少得到利用。在华中地区如果将秸秆直接还田，在好天气下一般4个月木质素仅分解25%～45%，其矿质化、腐殖化周期较长，同时还需要配施速效氮肥来调节土壤的碳氮比，以避免出现微生物与作物争氮的矛盾。如果先将秸秆进行堆沤处理，既可以杀死病虫害，又可以提供优质的有机肥料；利用沼渣进行秸秆堆肥处理是利用沼渣中残存的发酵微生物对秸秆进行降解。同时提供必要的氮源以平衡碳氮比，分解逐步释放出的水溶性氮、磷、钾被沼渣基质吸收，减少养料损失。沼渣堆肥方法如下：将秸秆作物粉碎至5～10厘米左右的小段，与沼渣按1∶1比例混合备用；选择地势高且平坦向阳地作为堆肥地，起堆时先用沼渣铺成20厘米厚的底层，上面铺设混合均匀的堆肥料，每铺30厘米厚时用沼液喷洒至下部微有液体渗出为好；肥堆高度、宽度一般为1.5米、1米左右，顶部凹陷，铺料完成后顶部和四周表面用稀泥抹光，表面抹泥厚度约为1.5厘米；堆肥完成后，在肥堆周围沿底部挖探5厘米、宽10厘米左右的环沟以防水分外流；堆肥时间视当地气温条件确定，以堆肥秸秆变为褐色且腐烂为准，一般春秋季需要20天左右。

由于沼渣中含有厌氧发酵过程中的各种微生物，在空气环境中厌氧细菌处于休眠状态，当堆肥密封后部分好氧细菌消耗了有限空间里的氧气而构成了简单的厌氧环境，由此大量引进的厌氧微生物可以将秸秆纤维素、木质素降解成作物可以吸收的小分子物质。沼渣堆肥较传统堆肥腐熟速度快、秸秆降解率高，可以加快作物秸秆还田速度。

沼渣堆肥后的腐熟肥料可以直接作为基肥使用也可用作种肥和追肥，作为追肥使用时应适当提前追施以利发挥肥效。

六、沼渣养鱼

沼渣养鱼是将沼气池内物质充分腐熟发酵后的沼渣施入鱼塘，为水中的浮游动植物提供营养，增加鱼塘中浮游动植物产量，丰富滤食性鱼类饵料的一种饲料转换技术。沼渣养鱼有利于改善鱼塘生态环境。水体含氧量可提高13.8%，水解氮含量提高15.5%，铵盐含量提高52.8%，磷酸盐含量提高11.8%，因而使浮游动植物数量增长12.1%，质量增长41.3%，从而增加鱼的饵料，达到增加鱼产量的目的，同时可减少鱼的病虫害。沼渣养鱼适用于以花白鲢为主要品种的养殖塘，其混养优质鱼（底层鱼）比例不超过40%。

1. 施用方法

（1）基肥一般在春季清塘、消毒后进行，每亩施沼渣150千克，均匀撒施。

（2）追肥4～6月，每周每亩施沼渣100千克；7～8月，每周每亩施沼渣75千克；9～10 月，每周每亩施沼渣 100 千克。

（3）施肥时间晴天上午 8：00～10：00 施用最好，有风天气，顺风泼洒，雨天不施。

2．注意事项

水体透明度大于 30 厘米时，说明水中浮游动物数量大，浮游植物数量少，施用沼渣可迅速增加浮游植物的数量，办法是，每两天施 1 次沼液，每亩每次 100～150 千克。直到透明度回到 25～30 厘米后，转入正常投肥。

七、沼渣养殖蚯蚓技术

蚯蚓俗称曲蟮，中药称地龙，属杂食性动物，主要以有机物质作为主要食物来源。据大量科学实验表明，蚯蚓内有大量脂肪酸、核酸及其衍生物、游离氨基酸，还有微量元素。如磷、钙、铁、钾、锌、铜以及多种维生素，是人体理想的营养来源之一。其中，蚯蚓体内蛋白质含量十分丰富，新鲜蚯蚓含蛋白质 20%以上（干制品高达 70%），是动物性蛋白的主要来源。蚯蚓还有很高的药用价值，具有解热、镇痉、平喘、降压、利尿和通经络的功能。利用现代生物技术，可从蚯蚓中提取 4 种防治具有一定抗癌作用及溶解血栓的药品和保健品等。目前我国蚯蚓酶药品已批量投入生产，各地制药厂利用蚯蚓开发上市的地龙胶囊已达数种，蚯蚓制品对治疗心血管病、改善脑血管病引起的瘫痪和语言障碍疗效显著。栖息深度一般为 10～20 厘米。

蚯蚓是喜温、喜湿、喜安静、怕光、怕盐、怕单宁气味的环节动物。白天栖息，夜晚出来活动觅食，蚯蚓对周围环境反应十分敏感，适于生活在 15～25℃、湿度 60%～70%、pH 值 6.5～7.5 的疏松土壤中。

蚯蚓主要以腐烂的有机物为食，腐烂的落叶，枯草，蔬菜碎屑，作物秸秆，禽畜粪，瓜果皮，造纸厂、酿酒厂或面粉厂的废渣，以及生活垃圾都可作为蚯蚓的食物，在人工养殖中，对于蚯蚓饲料的处理一般是将动物粪便与一些有机生活垃圾进行充分发酵的腐热物质作为饲料来使用。而沼渣作为完全发酵腐熟的产品在有机质含量、病虫卵去除和酸碱度等条件上都较堆沤腐熟后的饲料更适用于作为蚯蚓人工养殖的饲料。

蚯蚓的养殖可根据养殖户自身实际情况确定合适的养殖方式，目前蚯蚓的人工养殖主要有大田养殖、半地下池养殖、肥堆养殖、大棚养殖和立体箱式养殖。其中立体箱式养殖是工厂化养殖的主要方法，它占地少、养殖密度大、使用人力少、养殖环境容易控制、成品收集简单、生产效率高。

蚯蚓立体箱式养殖方法如下：

（1）养殖房选择。废弃的仓库或民房都可以作为养殖用房，但原用于储存农药、化学原料等有害物质的房子不适用，厂房要求保持良好通风，冬季保温性能较好。

（2）养殖箱的制作。养殖箱的尺寸形状可根据养殖条件选择，但应便于移动管理，单箱面积以不超过 1 立方米为宜，高度为 30 厘米左右，箱体材料可选用木质、塑料。木质箱材质不能选用杉木和其他芳香性针叶木料及含单宁酸或树汁液的木料，这些异味物质易造成蚯蚓死亡或逃逸。

养殖箱底部的四侧要留有排水、通气孔以满足蚯蚓的生长需要，通气孔直径 0.7～1 厘米为宜，太大容易造成蚯蚓及蚯蚓粪坠落，太小则造成通风不畅而引起箱内温度过高。通气孔面积可占箱壁面积的 20%～35%。

（3）养殖床的制作。为了利用养殖空间，降低饲养成本，可将养殖箱层叠形成塔式立体养殖。养殖架尺寸以养殖箱规格确定，以角铁焊接或竹木搭架，也可采用砖灰砌筑，类似于蚕床。架高 1.5 米左右，一般分 5～6 层即可。

室内立体层休一般以左右双行建造，养殖床间应设置作业通道以便管理。养殖床的制作要求结构牢固，不出现摇晃现象，层间距均匀。养殖箱取拿方便。

八、沼渣与其他肥料的配合使用方法

沼渣作为有机肥料可以和其他速效肥料尤其是矿物肥料配合使用，互相补充达到增产效果。

（1）沼渣与磷肥的配合使用。将沼渣和磷矿粉按 20∶1 均匀混合，将这种混合物与有机垃圾或泥土一起堆沤。堆沤方法：先放一层厚度为 20～30 厘米的沼渣与磷矿粉的混合物，再放一层有机垃圾（厚度为 30～40 厘米），再放沼渣、有机垃圾，由此形成一个肥料堆，把泥土敷在肥料堆表并且打紧压实。堆沤 1 个月左右就制成了沼渣腐磷肥。这种肥料对缺磷土壤有显著增产作用。

（2）沼渣与氮肥的配合使用。碳铵和氨水易挥发，如将沼渣与其混合施用能增进化肥在土壤中的溶解和吸附并刺激作物吸收，这样可减少氮素损失、提高化肥利用率。

第五节　培训与管理

一、培训

沼气管理工属于资格准入职业，就业准入是指根据《劳动法》和《职业教育法》的有关规定，对从事技术复杂、通用性广、涉及国家财产、人民生命安全和消费者利益的职业（工种）的劳动者，必须经过培训，并取得职业资格证书后，方可就业上岗。实行就业准入的职业范围由劳动和社会保障部确定并向社会发布。

培训的基本内容一般分为基本素质培训、职业知识培训、专业知识与技能培训和社会实践培训。

（1）基本素质培训。包括文化知识、道德知识、法律知识、公共关系与社会知识、生产知识与技能。这种培训主要是培养熟练工，培训的内容以基本素质培训为主，并结合用人单位的岗位设置及职业要求进行培训。

（2）职业知识培训。包括职业基础知识、职业指导、劳动安全与保护知识、社会保险知识等。使求职者了解国家有关就业方针政策以及选择职业的知识和方法；掌握求职技巧与相关政策；了解职业安全与劳动保护有关政策和知识；掌握社会保险方面和知识和政策；

（3）专业知识与技能培训。包括专业理论、专业技能和专业实习。学员在专业理论的指导下掌握一定的专业技能，并通过在企业的实习，提高解决实际问题的能力，为就业打好基础。

（4）社会实践。包括各种社会公益活动、义务劳动参加学习和勤工俭学等。

（5）职业技能培训。遵循根据社会经济发展的需要，坚持按需施教的原则，理论和实践相结合，突出技能训练，加强职业道德教育的原则。

劳动者根据自己的需要，自愿参加各类职业技能培训。

举办职业技能培训应具备下列条件：

① 有明确的培训目标，培训期限；

② 有与培训目标相适应的教学大纲、教学计划和教材；

③ 有与培训规模相适应，符合任职条件的专（兼）职教师及必要的专职管理人员；

④ 有适应培训规模的固定培训场地、必备的教具和实习（实验）设备；

⑤ 有健全的管理制度。

二、安全管理

（一）安全施工建池，防止工伤事故

1. 挖坑防塌方

根据土质情况，挖池坑采取不同的计挖方式。土质坚硬的可以立壁开挖，但绝不许"口小腔大"式的瓮式开挖，这样极易引发塌方事故，如土质疏松，挖坑时池壁必须留有一定坡度，并采取可行的加固措施，以免造成滑坡式塌方。施工人员必须克服麻痹思想，吸取这方面太多的教训，以杜绝因塌方造成人身伤亡的血案发生。

严禁采用爆破方式挖坑取土，以防破坏周围建筑物地基结构。

2. 建池防砸伤

开挖池坑后，池口边缘要严禁堆积池土或建材，以防物料摔落池内；建池砌筑中，在建材运输和搬运施工中，要防止掉落物料砸伤人员。

3. 设置施工标志，防止摔伤

在整个挖坑建池过程中，要设置明显的施工标志，最好在工地周围设置护栏，晚间设置照明指示，防止小孩及牲畜掉进池内摔伤。沼气池建成后到装料启动完成期间，进出料口和天窗口都要加上盖板，防止人畜掉入，发生事故。

4. 防止机械类工伤

目前建池施工队大多采用水泥现浇工艺，从挖坑到建池也多采用机械设备，施工过程中机械类工伤事故增多，应严格机械施工操作规范，如各类电机传动带应安装安全防护罩等，防止机械类工伤发生。

5. 规范施工操作，减少事故发生

（1）模具装拆要规范水泥现浇建池多采用钢板模具，在模具安装拼接过程中，尤其是池盖模板拼接拆卸要严格按照说明要求规范操作，施工人员必须戴上安全防护帽，防止出现模板掉落伤人事故。

（2）按标准配料施工水泥现浇建池，所用的沙石、水泥建材要按照技术标准要求，合理选料配比，正确掌握现浇砌筑和科学养护技术，不能图省事简化工艺或偷工减料，以防达不到浇筑强度或提前拆模出现事故。

（3）防止触电事故机械施工所用动力电线要求完好无损，开关闸刀要有防触电盖板，电线布设不可随地碾压，要坚决革除用裸露或不合格电线勉强凑合施工的陋习，严格按照电工安全要求规程操作，以免发生漏电、触电事故。

（4）养护期内保护池体实践中往往出现池体在现浇养护期内不注意保护，造成池体损伤的现象。如池体强度达不到养护标准提前拆除模具；养护期内沼气池供盖上部堆放过重物品；未达到养护期的沼气池提前进料、启动，胀裂池体；池体现浇后不进行潮湿养护，空池暴晒造成池体渗漏等。这些现象不同程度地会造成池体损伤，影响沼气池的安全运行和使用寿命。因此，在建池过程中，要克服重建轻养的思想，严格按照技术要求和操作步骤完成全部养护，提高池体强度，延长使用寿命。

（二）沼气池的安全管理

沼气和煤气、天然气一样易燃易爆，需要弄清其特性、掌握安全使用知识和技术。如果没有掌握安全使用方法，可能会导致安全事故，造成生命财产损失。所以，加强沼气安全知识普及和管理，是发展沼气中必须高度重视和认真抓好的工作。

（1）沼气池的出料口（水压间）进料口都要加盖，防止人、畜掉进池内造成伤亡。揭开活动盖时，不要在沼气池周围吸烟或使用明火，以防引起沼气池爆炸。

（2）要教育小孩不要在沼气池边和输气管路上玩火。试火时必须远离沼气池的炊具上试火，不要在导气管上边试火，以免造成凶火，使沼气池爆炸。

（3）经常检查输气系统，防止漏气着火，引起火灾。

（4）每天要观察压力表上水柱变化。特别是夏天，温度高，产气多，池内压力过大时，要立即用气和放气，以防胀坏气箱，冲开活动盖。不能在室内和口光温室内放气。以防引起爆炸。

（5）要注意沼气池防寒防冻（特别是北方地区）。

（6）如一次加料数量较多时，应打开开关，慢慢加入。一次出料较多时，压力表水柱降到零时，应打开开关，以免产生负压过大损坏沼气池。

（7）输气管路上最好安装泄压装置，防止池内压力过大，胀裂池体。户用水压式沼气池的耐压标准一般要求在 10 千帕左右，最高不超过 12 千帕。如果在管路上自制、安装一个带安全瓶的 10 千帕（1 米水柱）压力的 U 形压力表，不但能监测池内压力，还能泄掉池内的多余压力，一物两用，效果非常理想。产气正常的沼气池，一日三餐正常用气，池内压力一般不会太大。如因事离家几日不用气，可在 U 形压力表安全瓶的泄气管口接一段输气管通往室外，使多余的沼气随时跑掉，能有效保护池体安全。

如果管路系统没有安装泄压装置，要经常检查压力表变化情况。在沼气池产气旺盛，池内压力达到 10 千帕时，要立即用气或放气，以防胀坏气箱，冲开天窗盖，造成事故。如果池盖已经冲开，需立即熄灭附近烟火，重新进行天窗盖密封操作。

（8）机械出料前，要先打开活动盖板，以保持池体内外压力平衡。不能图省事，使活动盖在密封状态下抽吸料液，造成沼气池内产生负压而出现池体破裂。

（三）安全使用沼气

（1）沼气灶、灯具和输气管道不能靠近柴草等易燃物品，以防失火。一旦发生火灾，应立即关闭开关，切断气源后，立即把火扑灭。

（2）使用沼气时，要先点燃引火物，再开开关，以防一时沼气放出过多烧到身上或引起火灾。

（3）如在室内闻到臭蛋味时，应迅速打开门窗和风扇，将沼气排出室外，这时不能使用明火，以防引起火灾。

（四）安全维护检修，防止中毒窒息事故

1. 安全维护检修

主要指人员进入沼气池进行出渣作业或补漏检修过程中，防止人员在沼气池内出现沼气中毒或窒息事故。

为防止发生中毒窒息事故，应采用以下安全措施：

（1）人员入池前要先做动物试验，人员进入沼气池前，先打开活动盖板和进出料管盖板，用排风扇通风换气，然后将鸡、鸭、兔等小动物绑好放入篮子中，用绳子系好，放入沼气池中试验 20 分钟，如果没有出现不良反应，人员方可入池工作。如果小动物反应异常，则要继续通风换气，直到反应正常，不再有危险，人再进入池内作业。

（2）严禁用明火在池内照明，在进入沼气池维修特别是出沉渣时，池中不要用蜡烛等明火照明。要用手电或日光灯在池中照明，以免池中残存沼气遇明火爆炸。

（3）入池做好防护工作，防止连发事故，入池作业人员要穿胶鞋、戴手套，以皮肤不接触沼气池粪液为准。并用绳索把入池人员身体系牢，绳索另一端系于重物上，并有专人看管。绳索绑结方法为：从腿根处到胸背部都要绑紧，绳结的着力点

落在入池人员的后颈处,意在入池人员一旦中毒或受伤,池外人员通过绑结在身上的绳子,能顺利把入池人员快速救出。

入池人员下池内工作,最好架上梯子,池外还要有专人守护。如果出现头昏、恶心等不舒服症状,立即爬出池外通风、救护,严禁单人入池操作。

如果发现池内有人昏倒,一定不要莽撞下池抢救。最好设法以最快速度向池内鼓风换气,先让池内病人呼吸到新鲜空气。如慌忙下池抢救,会发生多人连发事故。如果不能做到鼓风换气,救生员腰背上部系安全绳,绳的另一头叫池外人拉住,入池后要憋住气,从受伤人员身后,拦腰抱住,拉出池外,如果一次救不出,须到池外换气后再救。

有条件的找来木梯,救生员口含一橡皮管或塑料软管,软管另一头固定在池外,随时呼吸新鲜空气,通过木梯把伤员抱出池外,也是有效的施救方法。

（4）池内作业时间不宜过长,在出料和维修时,除有专人看护外,还要注意适时替换池内作业人员,免得一人作业时间过长而导致中毒。

（5）禁止含磷物质入池,为了防止沼气池内产生有毒气体,严禁将菜子饼、棉子饼、骨粉和各种磷肥加入沼气池内。因为在密闭的条件下这些物质能产生有毒气体磷化三氢,人接触后极易中毒,甚至死亡。

（6）防止淹溺事故。沼气池大换料前后的作业时间内,或平时进出料作业,要注意及时盖上天窗盖和进出料口盖板,防止人畜跌入池内发生淹溺事故。对于设置有储粪池的,一定要用不易被小孩挪动的盖板盖住储粪池。

2. 事故的一般抢救方法

（1）一旦发生池内人员昏倒,而又不能迅救出时,应立即采用人工办法向池内送风,输入新鲜空气,切不可盲目入池抢救,以免造成连续发生窒息中毒事故。

（2）将窒息人员抬到地面避风处,解开上衣和裤带,注意保暖。轻度中毒人员不久即可苏醒,较重人员应就近送医院抢救。

（3）灭火。被沼气烧伤的人员,应迅速脱掉着火的衣服,或卧地慢慢打滚或跳入水中,或由他人采取各种办法进行灭火,切不可用手扑打,更不能仓皇奔跑,助长火势;如在池内着火要从上往下泼水灭火,并尽快将人员救出池外。

（4）保护伤面。灭火后,先剪开被烧烂的衣服,用清水冲洗身上污物,并用清洁衣服或被单裹住伤面或全身,寒冷季节应注意保暖,然后送医院急诊。

（五）沼气爆炸和火灾预防

沼气是一种可燃气体,一遇上火苗就会猛烈燃烧。所以,绝对不能在已经产气的沼气池旁边使用油灯、蜡烛、火柴和打火机等明火,也不能吸烟。若需要照明,只能用防爆电灯、手电筒等。

有时候,人下池后没有什么异常感觉,但不等于池内没有沼气。如果这些残存的沼气比例占到池内空气的7%~26%,一遇到火苗就会爆炸。

　　预防沼气引起的爆炸、烧伤和火灾的发生：

　　（1）在使用沼气灶或沼气灯前，要先点着火柴等引火物等在一旁，然后打开沼气开关，稍等片刻点燃沼气灶或沼气灯。如果先打开沼气开关，再点燃火柴等引火物，等候时间稍长，灶、灯具周围沼气增多，就会有烧伤人的危险，甚至有引起火灾的可能。

　　（2）沼气灶和沼气灯不要放在柴草、油料、棉花、蚊帐等易燃品旁边，也不要靠近草房的屋顶，以免发生火灾。

　　（3）每次使用沼气前后，都要检查开关是否已经关闭。如果使用前发现开关没有关就不能点火。因为这时候屋里可能已散发了不少沼气，一遇上火苗，就可能发生爆炸或火灾。此时应赶快关闭开关，打开门窗，通风后再使用。

　　（4）要教育孩子不要在沼气池和沼气配套设备（灯、灶、开关、管道等）附近玩火。因为这些地方也会有漏气现象。

　　（5）要经常检查开关、管道、接头等处有没有漏气。可用肥皂水检查；也可用碱式醋酸铅试纸检查，方法是：用清水把试纸浸湿，贴在要检查的部位，如果漏气，试纸和沼气中的硫化氢发生化学反应，使试纸变成黑色。如果在关闭开关的情况下，闻有臭鸡蛋气味（硫化氢气味），则可以肯定，沼气设备有漏气的地方，而且漏气还比较严重，要赶快检查处理。

　　一旦发生烧伤事故，要根据受伤者的烧伤程度来处理。严重的要立即送医院抢救。火灾事故发生时，头脑要冷静，首先要关掉气源，同时组织救火。

　　发生沼气中毒、烧伤和火灾事故，都是由于人们不了解沼气的性质和麻痹大意造成的。在我国几百万个沼气池中，虽然发生事故的用户只是极少数，但绝不能掉以轻心。只要人们掌握了安全使用沼气的知识，并且认真对待它，防止沼气事故的发生是完全可能的。

思考复习题

1. 沼气的综合利用途径有哪些？
2. 烘干粮食方法与注意事项有哪些？
3. 简述储粮与保鲜应用。
4. 简述沼液营养成分和作用。
5. 简述沼液浸种操作方法。
6. 简述沼液的综合利用方式。
7. 防止火灾爆炸事故安全用气管理措施有哪些？
8. 防止中毒窒息事故的安全维护检修措施有哪些？
9. 沼气使用事故类型与急救防护措施有哪些？

参 考 文 献

[1] 邱凌. 农村庭院沼气技术. 西安：农业部沼气质检中心西北工作站，2002.

[2] 刘英. 农村沼气实用技术. 成都：农业部沼气科学研究所，2002.

[3] 张风桐. 生态家园富民计划技术问答. 北京：中国农业出版社，2002.

[4] 袁书钦，周建方. 农村沼气实用技术. 郑州：河南科学技术出版社，2005.

[5] 李长生. 农家沼气实用技术. 北京：金盾出版社，2002.

[6] 方淑荣. 大力开发沼气促进农业的持续发展. 中国沼气，2003，21(2).

[7] 张全国. 沼气技术及其应用[M]. 北京：化学工业出版社，2005(6).

[8] 刘德源，朱丽清. 农村沼气生产及日常管理[J]. 农家之友，2007(10S).